SF_6断路器辐射电磁波检测技术

马宏明 马 仪 王 伟 何 顺 等 著

U0263292

科学出版社

北 京

内 容 简 介

本书详尽讲解了 SF_6 断路器辐射电磁波检测技术。全书共分为三部分：第一部分包括第 1~2 章，主要介绍断路器的结构、故障类型及相对应的检测方法；第二部分包括第 3~4 章，主要介绍基于辐射电磁波的断路器灭弧特性的检测原理、影响因素、数学模型、系统的组成及各种抗干扰措施；第三部分包括第 5 章，主要介绍各种基于辐射电磁波法应用于不同电压等级断路器的带电检测案例。

本书可供从事电力运行、检修和工程技术人员自学和培训使用，也可作为有关院校师生的参考读物。

图书在版编目(CIP)数据

SF_6 断路器辐射电磁波检测技术 / 马宏明等著. — 北京：科学出版社，2019.11
ISBN 978-7-03-060651-8

Ⅰ.①S⋯ Ⅱ.①马⋯ Ⅲ.①六氟化硫断路器–电磁波–检测

Ⅳ.①TM561.3

中国版本图书馆 CIP 数据核字（2019）第 036497 号

责任编辑：张　展　叶苏苏 / 责任校对：彭　映
责任印制：罗　科 / 封面设计：墨创文化

科 学 出 版 社 出版

北京东黄城根北街16号
邮政编码：100717
http://www.sciencep.com

四川煤田地质制图印刷厂 印刷

科学出版社发行　各地新华书店经销

*

2019 年 11 月第 一 版　　开本：B5（720×1000）
2019 年 11 月第一次印刷　　印张：8 3/4
字数：180 000

定价：99.00 元

（如有印装质量问题，我社负责调换）

编辑委员会

前　　言

高压断路器是电力系统中重要的控制和保护设备。一方面，当电网运行需要投切某些电力设备时，断路器用于关合或开断电力线路，以输送电能、倒换电力负荷；另一方面，当电力系统线路或设备发生故障时，断路器可以及时切断故障点，将故障的线路和设备从系统中退出，从而对电网和设备起到保护作用。

按照灭弧介质的不同，高压断路器可以分为压缩空气断路器、油断路器、真空断路器和 SF_6 断路器。其中，因 SF_6 气体具有优良的绝缘性能和灭弧性能，SF_6 断路器获得了日益广泛的应用。在我国，目前 363～550kV 断路器已经被 SF_6 断路器所独占，投运量以 15%～20%的速度增长，城市新装的 126～252kV 断路器大多是 SF_6 断路器，12～40.5kV 断路器正在逐渐地被 SF_6 断路器所替代。因此 SF_6 高压断路器性能的可靠性关系到整个电网运行的安全和稳定。

尽管 SF_6 断路器较其他种类的高压断路器性能优越，但是由于运行条件复杂、操作频繁、制造及安装质量等因素的影响，其故障也时有发生，直接影响了系统的安全和供电的可靠性。目前，电力系统多采用定期检修时进行预防性试验的方法来了解断路器的运行特性，这种做法不仅耗费巨大的人力和财力，增加了设备的寿命周期费用，而且频繁的操作和过度的拆卸检修会降低断路器的动作可靠性，带来一定的负面影响。检测和故障诊断可以及时了解断路器的运行情况、掌握其运行特性及变化趋势、发现设备存在的隐患、克服定期检修的固有缺陷，是电力系统设备检修发展的必然趋势。但是目前还存在许多不完善之处，在该领域研究的力度还需加强，仍然是一个长期而艰巨的任务。电寿命曲线法不能检测出灭弧室内部突发性故障，接触电阻法和 SF_6 微水测试由于技术条件限制不能够实现带电测试，且只能反映断路器单项参数的劣化。针对现有方法的不足，本书提出了基于辐射电磁波信号检测断路器灭弧特性的方法，可简单地应用到现场带电检测断路器灭弧特性。

本书研究了包括断口电压、动作速度、负载种类、灭弧介质及烧蚀程度等因素对辐射电磁波信号的影响；开展了断路器真型试验，比较了断路器原始状态、开断 3 次短路电流及开断 6 次短路电流 3 种状态下分、合闸过程辐射的电磁波信号之间的差异，建立了辐射电磁波信号的数学模型；将辐射电磁波法应用到实际测试中，针对不同电压等级、不同型号、不同开断次数的断路器开展了现场带电分、合闸测试工作，对其灭弧特性进行了评估。实际测试表明辐射电磁波法测试结果与多种常规测试手段测试结果一致，并且在实际测试中能够实现断路器灭弧

i

性能的带电检测。

　　本书从应用角度出发，力求深入浅出，避开较多的公式推导和高深的理论阐述。在编写的过程中，查阅了大量参考文献和资料，参考、引用了许多专业工作者和有关专家提供的实例、经验总结、专题报告，以及发表的文章、出版的书籍和未正式出版的资料；特别是汇集整理的各种断路器值得借鉴的典型故障案例与分析诊断，在此谨向他们表示诚挚的感谢。

　　本书由云南电网有限责任公司电力科学研究院马宏明、马仪、何顺、黄星、程志万、钱国超等及华北电力大学王伟副教授撰写，同时李芳义、宁中正、徐丁凯等研究生参与整理工作。全书由马宏明、王伟进行统稿，马仪对全书进行审阅，黄星、程志万、钱国超、陈宇民、张恭源等专家对编写工作给予了大力支持和热情帮助，在此深表敬意，谨致谢意。

　　本书乃集先贤学者之智慧，愿能启发同行之灵感，然而实为抛砖引玉。由于著者自身认识水平和时间的局限性，本书难免存在疏漏之处，恳请各位专家及读者不吝赐教，不胜感谢。

马宏明
2019 年 8 月

目　　录

第1章 SF₆断路器的结构及故障

1.1 断路器概述

1.1.1 高压断路器的介绍及作用

随着社会经济的迅速发展，不仅仅是电能的需求量在不断增大，更重要的是对电能供给质量的要求也越来越高，这就对电能供给的持续性和稳定性提出了新的要求。这不仅需要从电网结构去考虑，更需要提高电网中关键元件的可靠性，增加电网抵抗故障的能力，进而保证电网的可靠运行。

在电力系统中，高压断路器是指在额定电压为 3kV 及其以上等级的用于闭合或开断电路的电器，也指在 110kV 及其以上等级的输配电闭合或开断电路的电器。高压断路器在电力系统中起着至关重要的作用，它能够开断、闭合及承载运行线路的正常电流，同时当电网发生故障时，高压断路器能够承载、开断及闭合过载、短路等异常电流。简而言之，高压断路器在电力系统中主要体现了两方面的作用：一方面，根据电力系统运行的要求，将部分或全部电气设备，以及部分或全部线路投入或退出运行，起到控制电能分配的作用；另一方面，当电力系统某一部分发生故障时，与继电保护装置、自动装置相配合，迅速地将该故障部分从电力系统中切除，减少停电范围，避免事故扩大，同时保护系统中各类电气设备不受损坏，保证系统的无故障部分能够安全运行。如果它们一旦在运行中发生故障或在故障时不能正确地动作，将会造成严重的后果，小则引起一个地区的停电，给人们的社会生活造成不便；大则导致电网瓦解、系统崩溃，给国家的经济建设带来不可弥补的重大损失。因此，高压断路器及其运行可靠性直接关系到整个电力系统的安全运行和供电质量，在电力系统中起着十分重要的作用。

高压断路器按功能可分为以下几部分[1]。

(1)导电部分：断路器导通电流的部分。它允许通过长时间的正常负荷电流和一定时间的异常电流，如过负荷电流和短路电流。

(2)绝缘部分：保证断路器电气绝缘的部分。它包括 3 个基本方面，即对地绝缘、相间绝缘和断口绝缘。

(3)接触系统和灭弧装置：执行电路的开断和关合的部分。它表征断路器的合闸和分闸能力。

(4)操作系统：促使触头分断和接通的部分。它赋予断路器以规定程序动作及一定的动作时间和速度。

电力系统发生短路故障时，短路电流可能很大，开断过程中，触头间将出现强大的电弧，必须使用专用的灭弧装置灭弧，断路器灭弧性能的好坏直接影响其运行可靠性，因此，灭弧系统是断路器的心脏，也是高压断路器的中心问题。

1.1.2 高压断路器的分类及特点

根据断路器灭弧原理的不同，可将高压断路器划分为如下几类。

(1)油断路器。依据对地绝缘介质的不同，可分为多油断路器和少油断路器。油断路器技术比较成熟，而且价格便宜，以绝缘油为灭弧介质，在我国的电力系统中是最早出现、使用次数最多的一种断路器，如图 1-1 所示。但发生电力故障时，容易引起爆炸，产生的高温油会造成大面积燃烧，引起电力系统相间、对地短路，安全性较差。

图 1-1 油断路器

(2)真空断路器。采用高真空的灭弧介质和触头绝缘介质。其优点是：体积小，质量轻，使用安全方便，噪声低，机械寿命长，灭弧不需要检修等。近些年使用频率急剧上升，特别适合用于 10kV、35kV 的低电压配电系统中，如图 1-2 所示。

图 1-2　真空断路器

1—动导电杆；2—导向套；3—波纹管；4—动盖板；5—波纹管屏蔽罩；
6—瓷壳；7—屏蔽筒；8—触头系统；9—静导电杆；10—静盖板

（3）SF₆ 断路器。根据结构形式的不同，可分为瓷柱式和罐式两种。六氟化硫断路器采用 SF₆ 气体作为绝缘和灭弧介质，具有绝缘水平高、电气寿命长、密封性能好及检修时间长等特点，如图 1-3 所示。六氟化硫断路器开始于 20 世纪 50 年代，由于 SF₆ 气体良好的特性，因此在 20 世纪 60～70 年代已广泛用于超高压大容量的电力系统中，成为超高压等级电力断路器的最主要品种。

图 1-3　SF₆ 断路器

（4）压缩空气断路器。采用高压空气吹动电弧使其熄灭，依据压缩空气吹弧方式的不同，分为横吹和纵吹两种，如图 1-4 所示。其特点是：动作快、开断时间短，在 20 世纪 50～60 年代得到迅速发展。但灭弧性能良好、结构简单的六氟化硫断路器的出现，使得压缩空气断路器使用范围缩小。

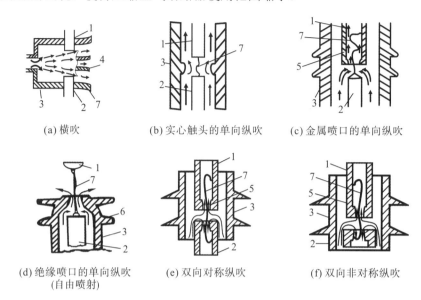

(a) 横吹　　　　　　　(b) 实心触头的单向纵吹　　　　(c) 金属喷口的单向纵吹

(d) 绝缘喷口的单向纵吹　　　(e) 双向对称纵吹　　　　(f) 双向非对称纵吹
(自由喷射)

图 1-4　压缩空气断路器吹弧的基本方式

1—静触头；2—动触头；3—灭弧室体壳；4—绝缘隔板；5—金属喷头；6—绝缘喷口；7—电弧

(5) 磁吹断路器。利用磁场的作用使电弧熄灭的一种断路器，原理图如图 1-5 所示[2]。磁吹断路器使用安全，电气寿命长，适用于频繁操作的场所，但与其他断路器相比，体积大、结构复杂，只适用于 20kV 及其以下的电压等级。

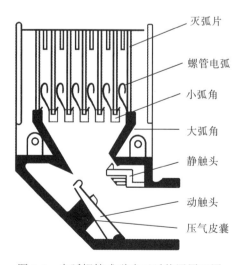

灭弧片

螺管电弧

小弧角

大弧角

静触头

动触头

压气皮囊

图 1-5　电弧螺管式磁吹灭弧装置原理图

　　现如今电力系统中基本上都选择无油或少油等方法来灭弧，由于存在安全事故的隐患，因此多油断路器逐渐被淘汰。目前，我国的低、中压电网中，真空断路器正在逐渐地被广泛使用和推广；而在高压和超高压的电网中，绝大多数还是采用六氟化硫断路器和少油断路器。

　　高压 SF_6 断路器是一种以 SF_6 气体作为绝缘介质和灭弧介质而专用于断开或接通电路的无油化开关设备，经历三代发展，由最初的双压室灭弧室断路器、单压室灭弧室断路器发展到目前常用的 GIS（气体绝缘金属全封闭组合电器）。而最新一代的 SF_6 断路器具有如下优点。

　　(1)灭弧性能强。SF_6 分子与自由电子有非常好的混合性，当电子和 SF_6 分子接触时几乎 100%混合而组成较重的负离子[12]。这种性能对剩余弧柱的消电离及灭弧有极大的使用价值，即 SF_6 具有很好的负电性，它的分子能迅速捕捉自由电子而形成负离子。这些负离子的导电作用十分迟缓，从而加速了电弧间隙介质强度的恢复率，所需的灭弧时间较短，因此有很好的灭弧性能。在 $1.01×10^5Pa$ 气压下，SF_6 的灭弧性能是空气的 100 倍，并且灭弧后不变质，可重复使用。

　　(2)绝缘性能强。在均匀电场中，SF_6 断路器的灭弧气体是空气绝缘强度的 2～3 倍，绝缘的强度是油断路器的 3 倍；SF_6 断路器的灭弧气体是一种较为稳定的惰性气体，当该气体与电弧接触后，将会被分解成三氧化物、氟化铜、氧化氟与粉末状的绝缘物质，但在灭弧后会快速结合，还原成稳定的 SF_6 灭弧气体。一旦 SF_6 断路器中的灭弧气体中带有杂质或水分，将会降低其绝缘强度，其 SF_6 断路器分解后的氟化铜、氧化氟是有毒性的物质，含水量越多毒性越大。因此，在安装 SF_6 断路器时需在其内部放置能够吸附水分与氟化铜、氧化氟的吸附剂。

　　(3)散热性能强。SF_6 气体的比热容是空气的 3.4 倍，并且 SF_6 断路器电弧的弧芯部位温度有较强的高导电性能，而外围的温度较低，有较好的散热能力，加之 SF_6 气体有较强的对流散热能力，所以 SF_6 断路器的温度上升速度比空气断路器更为缓慢。

　　(4)断开性能强。SF_6 断路器由于其单断口与变开距为一体，因此其灭弧室不仅能够承受近距离的电力系统故障条件较为苛刻的电压恢复时的上升率，还能承受失步开断系统较高的恢复电压峰值。在切合励磁电流的过程中，由于电压小于正常运行电压的两倍，因此，不会使 SF_6 断电器产生严重的击穿与重燃现象。断口电压可做得较高，可以允许连续开断较多次数，比较适用于频繁的操作。

　　(5)动作迅速且电源容量小。目前，SF_6 断路器配用的机构多是弹簧储能型，材料质量良好，动作迅速，电源容量小，优于油断路器所使用的电磁或液压机构，因为油断路器所配用的电磁部件需要合闸电源，且较为笨重，所以运行维护不便；液压机构在高温天气还容易发生泄压、渗漏油、频繁打压等问题。

　　(6)结构简单且体积小。SF_6 断路器是单断口的断路器，结构简单，绝缘支柱与内部组织零件数量较少，减轻了断电器重量，并且断路器在运行过程中具有较强的电流压力，因而能够缩短灭弧时间，从根本上实现系统空间体积的节约，更好地发挥 SF_6 断路器的优势作用。

(7)检修周期长。SF_6 断路器的触头使用寿命比较长，很少发生金属和绝缘结构件的劣化现象，所以其检修周期比较长，可允许多次断路。一般检修的周期为 10 年左右，同时，检修的过程中仅需 2~3 人就可完成全部的检测。

1.2　SF_6 断路器的基本结构

高压断路器的结构主要分为两种：带电箱壳式和接地箱壳式。其典型结构图如图 1-6 所示。从图中可以看出，主要由开断元件、绝缘支柱、基座及操动机构四部分组成。

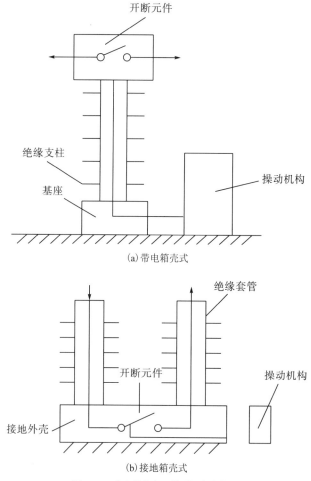

图 1-6　高压断路器的典型结构图

　　SF₆ 断路器的结构由灭弧部分、导电部分、绝缘部分和操动机构四部分组成。灭弧部分主要用来缩短燃弧的时间及提高熄灭电弧的能力，由动弧触头、静弧触头及压气缸等部件构成；导电部分承担了通过工作电流和短路电流的任务，由主触头或中间触头和动弧触头、静弧触头及各种形式的过渡连接等部件组成；绝缘部分主要包括 SF₆ 气体、绝缘拉杆、瓷套等，其作用是使得导电部分的同相断口之间、不同相断口之间及对地之间保证良好的绝缘状态；操动机构用来实现对断路器规定的操作程序，同时使断路器保持在相应的分、合闸位置。

　　操动机构的简单结构图如图 1-7 所示。

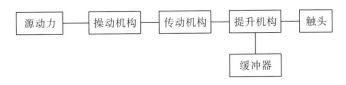

图 1-7　操动机构的简单结构图

　　常用的操动机构包括弹簧操动机构、电磁操动机构、气压操动机构及液压操动机构等。SF₆ 断路器所用的弹簧操动机构的优点是：功能原理简单，可靠性高，对电源的容量没有要求，既适用于交流电，也可用于直流电，没有电源接通时，操动机构还能操作一次；没有液压和气压，不需要任何监控压力的装置。

　　弹簧操动机构主要由分合闸操作系统、储能系统及电磁控制系统三部分组成。分合闸操作系统的作用是执行断路器的分、合闸动作，包含三相触头弹簧、传动连杆和传动主轴等；储能系统是用来储存合闸弹簧的能量，由储能电动机、合闸弹簧、分闸弹簧、链传动及联锁装置等部件组成；电磁控制系统的功能是控制分合闸和自动重合闸等操作，包括分合闸线圈、脱扣器、储能保持锁扣和辅助开关、接线板等。

　　断路器弹簧操动机构的储能、分闸、合闸 3 个过程具体如下。当合闸储能弹簧处于释放状态时，通过链传动机构储能电机对合闸弹簧进行储能，储能结束后，弹簧在合闸闭锁装置作用下，其储能位置保持不变。当控制电路发出合闸信号时，合闸电磁铁开始动作，合闸弹簧储存的一部分能量通过传动机构推动断路器的动触头使其进行合闸动作，合闸弹簧储存的另一部分能量通过传动机构使得分闸弹簧储能，为断路器的分闸动作做好准备。合闸过程结束后，储能电机接通电源，合闸弹簧在此储能，用来为下一次的合闸操作做好准备。当控制电路发出分闸信号时，自动脱扣装置释放分闸弹簧所储存的能量，此时断路器完成分闸动作。

1.3 SF$_6$断路器的典型故障类型

故障是设备在工作过程中，因某种原因"丧失规定功能"或危害安全的现象。根据高压断路器的结构特点，高压断路器的常见故障类型包括拒动故障、误动故障、开断与关合故障、绝缘故障、载流故障、外力故障等。其中，根据国家电网公司进行的调查表明，2004 年，6~500kV 高压断路器拒动故障占总故障的 15.2%，在所有故障类型中排第三位。2006 年，12kV 以上的高压断路器拒动故障占总故障的 14.5%，位居所有故障类型中的第一位。由此可见，电力系统实际运行过程中，高压断路器发生拒动故障的概率非常大。

我国国家电网公司电力科学研究院的调查表明，在 1999—2003 年期间，按故障类型统计，高压断路器共发生 177 次拒动故障，占总故障的 15.6%；发生 95 次误动故障，占总故障的 8.4%；发生绝缘故障 100 次，占总故障的 8.8%；载流故障发生 22 次，占总故障的 1.9%；外力及其他故障发生 730 次，占总故障的 66.4%。

上述数据表明，在我国高压断路器中，由外力及其他故障引起的故障是最主要的故障，漏油漏气及部件损坏是其发生的主要原因。表 1-1 所示是高压断路器的常见故障类型及其原因。

表 1-1 高压断路器的常见故障类型及其原因

序号	故障类型		故障原因
1	拒动故障	机械卡涩	(1)分、合闸线圈铁芯配合精度差，运动过程阻力大； (2)线圈及传动部件发生机械变形或损坏； (3)液压机构阀体内阀杆等部件锈蚀
		部件损坏	(1)部件变形移位； (2)分、合闸铁芯卡涩； (3)锁扣失灵； (4)拉杆断裂； (5)液压机构失灵
		轴销松断	绝缘拉杆与金属接头连接处轴销断裂或松脱
		二次回路故障	(1)分、合闸线圈烧毁； (2)辅助开关及合闸接触器故障； (3)二次线接触不良、断线及端子松动
2	误动故障	二次回路故障	(1)端子排受潮而使绝缘性能降低，引发合闸回路和分闸回路接线端子之间放电； (2)二次电缆破损； (3)继电保护装置误发动作信号
		液压机构故障	(1)油泄漏； (2)机构泄压
		弹簧结构故障	(1)操动机构分、合闸掣子尺寸调整不合适； (2)弹簧预压缩量不当

续表

序号	故障类型	故障原因
3	绝缘故障	(1) 内绝缘对地闪络放电； (2) 绝缘拉杆闪络； (3) 雷击过电压； (4) 外绝缘对地闪络放电； (5) 套管污闪； (6) 相间绝缘闪络
4	载流故障	(1) 触头接触不良过热造成； (2) 引线过热
5	漏油漏气故障	(1) 安全阀动作值不准确，环境温度升高后安全阀易误动； (2) 安全阀动作后不复归，造成机构泄压
6	部件损坏故障	(1) 传动部件机械强度不足； (2) 密封件质量差

以下详细介绍几种 SF₆ 断路器常见的故障类型及产生原因。

(1) SF₆ 断路器漏气故障与气压误报警。有关统计资料表明，在 SF₆ 断路器的故障中，SF₆ 气体泄漏占 38%，SF₆ 气体泄漏会降低高压断路器的绝缘强度，造成空气污染，当泄漏气体达到一定浓度时，会严重影响检修人员的身体健康，甚至危及检修人员的生命安全。SF₆ 断路器漏气故障主要出现在：①SF₆ 气体密度计接入 SF₆ 气体压力表铜管连接头处；②接头阀门开关密封圈处；③SF₆ 气体连接管处；④SF₆ 断路器瓷式底座密封组件、聚四氟乙烯圈和橡胶的密封圈边缘。造成泄漏的原因主要有：①因产品质量存在问题，其机身上有很细小的缝隙或孔洞，或者密封面加工的材料、方式不严格等；②密封装置出现问题，如密封圈已经老化、密封胶失去效力、密封紧固螺栓不紧、瓷瓶破损等。

另外，夏季高温时，气体受热膨胀，运行中的断路器压力表易发生压力升高报警；冬季低温时，SF₆ 气体冷缩，容易发生压力过低报警或闭锁。SF₆ 气体气压报警时应参照环境温度，核对气体压力报警正确与否；冬季当出现低压报警时，应首先检查 SF₆ 气体密度开关，并校验 SF₆ 气体压力表，压力表不准确会引起压力误报警，然后根据气压变化速率判断气室是否有漏气或需及时补气。

(2) SF₆ 气体微水超标。SF₆ 气体中微水含量是 SF₆ 开关设备的一个重要指标，SF₆ 断路器对 SF₆ 气体的含水量及纯度都有极为严格的要求。由于大气中水分的浓度比 SF₆ 气体中高很多，因此大气中的水分极易浸入，大幅度提高了 SF₆ 气体中的含水量。又由于断路器一般用作户外设备，因此一旦气温降低较大幅度时，SF₆ 气体中凝结的过量水分可能会导致断路器发生闪络，甚至发生爆炸事故。SF₆ 气体是一种无色、无味、密度比空气大、不易与空气混合的惰性气体，对人体没有毒性，但是在高压电弧的作用下，SF₆ 气体含有超标的水分后，在一些金属物的参与下，温度在 200℃以上时可使 SF₆ 发生水解反应，生成活泼的氢氟酸(HF)和有毒的 SOF_2、SO_2F_2、SF_4 及 SOF_4 等低价硫氟化物。在高温拉弧的作用下，还

将分解产生 SO_2 和 $HF^{[3]}$。它们将腐蚀绝缘件和金属部件，并产生热量，导致气室内气体压力的危险升高，断路器耐压强度和开断容量下降，严重情况下将导致断路器爆炸，不仅引起电网事故，还将造成有害气体及温室气体排放到大气中，形成电气和环保灾害。SF_6 气体微水超标的原因主要包括以下几方面。

①新气中带入的水分。造成新气不合格的原因主要有：在生产制备和充装 SF_6 气体的过程中，充装工艺不佳，抽真空工艺不良，管道接头等组件处理不彻底，装配时附着在设备腔中内壁上的水分没有完全排除干净，工作人员不按有关规程和检修工艺操作要求进行操作，如充气时气瓶未倒立放置等$^{[4]}$；SF_6 在合成后要经过热解、水洗、碱洗、干燥吸附等多重工艺，而进入 SF_6 气体中的水分在出厂时未进行严格检测；SF_6 断路器管路、接口不干燥或装配时暴露在空气中的时间过长等。

②绝缘件带入的水分。SF_6 断路器中的主要固体绝缘材料是环氧树脂浇注品。这些环氧树脂浇注品的含水量一般为 0.1%～0.5%。虽然这些水分看似很少，但是这些固体绝缘材料中的水分在运行过程中会逐步释放出来；在解体检修时，绝缘件暴露在空气中的时间过长而受潮。

③吸附剂带入的水分。吸附剂本身就是一种对水分具有较好的吸附能力的化学物品，对断路器中 SF_6 气体的水分具有吸附作用。但是如果吸附剂活化处理时间短，又没有经过彻底干燥处理，另外在安装时又暴露在空气中时间过长，这些吸附剂就可能带入危害安全运行的水分。

④密封件不良渗入水分。大气中的水汽通过设备密封渗透到设备内部，在 SF_6 断路器中，SF_6 气体的压力比外界高几倍，但外界的水分压力比内部高。而且大气中水蒸气压力通常为设备中水分压力的几十倍，甚至几百倍，在这一压差作用下，大气中的水分会逐渐通过密封件渗入 SF_6 断路器的 SF_6 气体中。

⑤SF_6 断路器的泄漏点渗入水分。SF_6 断路器如果存在泄漏点，如充气口、管路接头和法兰处。这些泄漏点就是水分渗入内部的通道，虽然空气中的水蒸气含量很低，但是随着时间的推移，会逐渐渗透到设备的内部，时间越长水分就越多，从而达到危害断路器安全运行的程度。

(3) 接触电阻超标。高压断路器的接触电阻存在于动、静触头之间，由收缩电阻和表面电阻两部分组成。若触头表面氧化或触头间残留杂物，会影响接触压力和接触面积，导致在正常工作电流下发生过热，破坏断路器周围的绝缘性能，极易造成触头烧熔黏结，严重影响断路器工作性能。引发接触电阻超标的因素相对复杂，如触头外部遭到腐蚀或者有污染性物质附着于触头表层，接触压力降低，导致电流流通时触头发热，附近的绝缘层遭到腐蚀灼烧，从而出现熔化、断裂等现象。

(4) 拒分故障。在分闸操作过程中，分闸弹簧能量是否得到成功的释放直接决定着分闸操作是否成功。常见的故障主要有控制回路故障和分闸电磁铁被烧坏或者脱落和卡涩。针对控制回路故障，主要是因为辅助接点常闭触点的接触不良，或者其接点接触不良，而这就会导致分闸线圈的电压下降甚至完全没有电压，导致断路器出现拒分的情况。

（5）拒合故障。断路器拒动即当保护装置或人为对断路器发出合闸、分闸指令时，断路器不动作，仍保持原运行状态，它将导致设备无法停送电或事故情况下不能切断故障电流，导致事故升级扩大，故危害较大。产生拒动的原因主要有 SF$_6$气体压力不足、液压机构不正常或操作电气回路有异常。在确认 SF$_6$气体压力正常时，应检查操作电压是否正常，合闸线圈有无损坏，分闸继电器有无断线开路，检查辅助接点位置转换是否到位；如果闸阀内积污严重，导致断路器运行不畅，需进行闸阀的清洗及更换压力油。目前，国内 SF$_6$断路器多数采用液压操作机构，此种机构缺陷较多。

SF$_6$断路器拒合故障出现的原因主要是操作不当，或者断路器控制的回路中元件出现故障，具体的故障原因主要有：①断路器的操作把手在合闸时其触点的接触不良；②控制回路中出现了断线或端子的接触出现了松动；③合闸的线圈被烧坏或绝缘的效果低下；④辅助断路器的触点不到位；⑤继电器触点发生卡死或接触不良；⑥断路器的操作转换开关切换错误，导致操作失灵；⑦SF$_6$断路器的气体压力降低出现闭锁；⑧操作机构压力的下降导致闭锁。

（6）误动故障。若系统无短路或接地现象，继电保护未动作，断路器自动跳闸，则称为断路器"误跳"。当断路器误跳时应立即查明原因，例如，保护盘受外力振动引起自动脱扣而"误跳"，则应不经汇报立即送电；若保护误操作可能是因为整定值不当或流变、压变回路故障引起的"误跳"，则应查明原因后才能送电；二次回路直流系统发生两点接地（跳闸回路接地）引起的"误跳"，则应及时排除故障；对于并网或联络线断路器发生"误跳"时不能立即送电必须汇报调度听候处理。

SF$_6$断路器的误动故障主要是由二次回路接线和操纵机构机械故障引起的，其表现及原因主要包括以下几方面。

①分闸后立即合闸。分闸后立即合闸主要是因为在合闸终了时，合闸铁芯或合闸一级阀杆没有完全复位，致使钢球不能完全复位，使合闸油路没有封住。主要多为手动时将合闸动铁芯的撞杆撞弯，因撞头松动造成卡滞而引起的。

②合闸后立即分闸。合闸后立即分闸常见的主要原因是分闸动铁芯或一级分闸阀杆在某个位置被卡，致使分闸钢球不能完全复位，或者合闸保持阀逆止钢球不能完全复位。

③油泵频繁启动打压。油泵频繁启动打压分为分闸位置频繁启动打压、合闸位置频繁启动打压和分合闸位置频繁启动打压，其产生的原因主要是外泄漏和内泄漏。一般来说，主要是因为接头和端口密封不严、封件密封不严、分合闸阀或放油阀密封不严等引起的[5]。

④断路器偷跳。断路器偷跳是指断路器在没有操作、没有继电保护及安全自动装置动作的情况下的跳闸，可能由于机械无故动作，或者二次控制回路老化断线、压接不良，或者由于其他电子干扰等原因，导致非人为控制或非故障的跳闸，使运行中的处于合位的断路器跳开，切断正常运行的线路，导致的线路停电。断路器偷跳，通常由于设备自身存在的缺陷，当产生偷跳行为后，线路继电保护装置应能正确判断非故障跳闸或人为手动跳闸，并迅速启动断路器重合闸，使线路立即恢复供电，减少经济损失。

(7)储能故障。常见的 SF$_6$断路器储能故障主要有储能的电机不能转动和电机转动时弹簧不储能两种情况。就第一种情况来看，导致其故障出现的原因主要是其行程开关和接点接触不良，导致电机两端的电压较低，甚至没有电压，而这就会导致电机难以正常转动，同时电机内的换向绕组器出现接触不良或被烧毁时，也会出现电机不转动的情况。而从第二种情况来看，主要是 SF$_6$断路器中棘爪的压紧弹簧被折断、脱离了原来的位置或棘爪的压紧弹簧运作疲劳等因素造成的，也可能是棘爪的端部有较为严重的磨损造成的。当电机在运行的过程中，凸轮的缺口和棘爪碰撞的地方因出现上述的各种因素，所以使棘爪出现打滑现象，造成电机在运行弹簧却不能进行储能的现象，并且行程的开关一直是闭合状态，使得电机一直在运行。

(8)绝缘故障。SF$_6$断路器的绝缘故障发生的频率也较高，故障类型主要有：外绝缘对地闪络击穿，内绝缘对地闪络击穿，相间绝缘闪络击穿，雷电过电压引起的闪络击穿，瓷套管、电容套管闪络、污闪、击穿、爆炸，电流互感器闪络、击穿、爆炸等。其中 SF$_6$断路器产生内绝缘故障的原因包括：①断路器的内部有金属物，发生了导电现象，出现了放电故障；②断路器的内部有悬浮电位，由此引起放电故障；③断路器的绝缘件沿面有闪络故障发生；④绝缘件的设计不够完美。SF$_6$断路器产生外绝缘故障的原因主要有：①瓷套的外绝缘爬电比距不符合规定的标准；②规格不符合要求进而出现瓷套外绝缘闪络的现象；③制造瓷套中存在质量问题或工作环境污秽，导致绝缘闪络。

(9)载流故障。SF$_6$断路器的载流故障最主要是由触头接触不良或引线过热造成的。触头接触不良是由于动触头与静触头没有完全对中，而动触头与静触头的对中问题则是由于装配过程中没有有效保证触头对中的措施，造成动、静触头对中偏差过大，最终在操作时，喷口与静弧触头撞击导致灭弧室喷口断裂造成开断关合事故。

(10)泄漏故障。泄漏故障主要是液压机构漏油和气动机构漏气。其中液压操作机构的各种故障，除压力检测装置及压力组件损坏或异常造成油压异常，以及分合闸电磁铁线圈、一级阀顶杆或信号辅助开关故障引起的拒合、拒分外，几乎都是由泄漏引起的(包括氮气的泄漏)。对于液压机构，泄漏会引起短时频繁启泵打压或补压时间过长，阀体大量内渗油会造成失压故障，液压油进入储压筒氮气侧，会造成压力异常升高等，影响 SF$_6$断路器安全运行。液压机构的主要漏油部位有三通阀和放油阀、高低压油管、压力表和压力继电器接头及工作缸活塞杆和储压筒活塞杆的密封受损处、低压油箱有砂眼等。其泄漏的原因主要包括以下几方面。

①高低压油管、压力表或压力继电器等管接头泄漏。管接头泄漏是所有液压机构泄漏中占比例较高的，占泄漏的30%左右。液压油管与管接头利用卡套达到密封效果，若其连接处的加工精度不高、紧固强度不当或有毛刺时都将造成漏油。

②密封圈泄漏。液压机构一般有两种密封形式：刚性密封和弹性密封，其中弹性密封包括"O"形橡胶密封(利用其弹性变形而做平面或圆圈的静、动密封)与"V"形密封(有方向性，V 形开口必须朝向高压侧)。密封圈质量不好、安装不当，活塞杆有毛刺或油有杂质，运动过程磨损都会造成密封圈失效，而密封圈压缩量不够、老化或损伤都将引起泄漏。

③阀体密封不良漏油。三通阀、放油阀等阀体结合面的密封多采用刚性密封，通常是阀体的阀线密封，如球阀是利用钢球与阀面的紧密配合形成密封，锥阀是利用其锥面与阀口的紧密配合而形成密封。阀体结合面漏油的主要原因有：密封配合精度差；密封表面粗糙度和平面度误差大，加工精度差；在装配或运行中结合面有杂质，引起密封面损伤。

④壳体的泄漏。壳体的泄漏通常由于铸件、焊件的缺陷并受液压系统的压力冲击而扩大引起。

(11)部件损坏。损坏的部位主要有密封件、拉杆、传动机构部件、阀体等。密封件损坏的原因主要有两方面：一是密封件质量差，易老化，寿命短；二是在检修或装配过程中，密封件受损、紧固力过大使密封件变形严重或位置安装不正确，从而影响其使用寿命。部件损坏除了厂家制造工艺、水平不高所导致的质量问题外，安装、检修质量也不高，致使断路器缺陷加剧，最终发展成为故障的原因。

(12)分相断路器三相非同期合闸。220kV 电压等级电力系统中单相故障较多，通常配置分相断路器结构，单相故障可以单相跳闸并重合，不需检测同期，重合成功率高，且对系统冲击较小，有利于提高供电可靠性。正常操作分、合闸时三相联动。分相断路器非全相运行是三相机构分相操作在进行合、跳闸过程中，由于某种原因造成一相或两相开关未合好或未跳开，致使定子三相电流严重不平衡的一种故障现象。长时间非全相运行很大的负序电流将损坏系统变压器定子线圈，严重时烧坏转子线圈。非全相运行为断路器电气运行的重点防止对象，针对这类故障现象通常设置断路器三相非同期保护。

第 2 章　SF$_6$断路器单一特性检测技术

2.1　SF$_6$断路器机械特性的辐射电磁波检测技术

2.1.1　检测原理

断路器动作时，当触头两端的电压高于触头间灭弧介质的击穿电压时，动静触头将发生击穿，产生开关电弧，并激发很高频率的电磁波向外辐射。灭弧介质的击穿电压主要取决于动静触头间的距离，因此电磁波的产生时刻可以反映动静触头间的距离，三相电磁波产生的时间差可以反映断路器的不同期时间。

在瓷柱式开关中，电磁波将透过电瓷材料向四周传播，在开关四周布置特高频天线即可接收这种电磁波。由于电磁波以光速传播，触头到接收天线间的延时可以忽略不计，因此，通过测量 3 个电磁脉冲到达的时间差，即可实现高压开关三相不同期时间的电磁波法检测。

与传统的高压开关特性检测方法比较，辐射电磁波法主要优点有：①传感器与开关本体无机械与电气联系，测量不需对开关本体做任何改动(无须停电、接线)，可十分便捷地进行带电测量；②测量精度很高，可达到微秒甚至纳秒量级，远高于现有行程法的 0.01ms 的精度。

但是，电磁波的产生除受触头间距影响外，还受触头间电压的影响，因此辐射电磁波法的检测结果与传统方法的检测结果存在差异。传统的高压开关机械特性检测具有明确的合格与否判定标准，即合闸不同期时间要求小于 5ms，分闸不同期时间要求小于 3ms。辐射电磁波法检测高压开关机械特性为新方法，尚无合格标准可以参考，因此，有必要对辐射电磁波法与传统方法检测结果的等效性进行研究。

2.1.2　等效性的仿真计算

由于传统方法不能带电进行，而辐射电磁波法不能在停电条件下进行，两者的等效性不具备试验研究的条件。因此，采用仿真计算的方法对两者的等效性进行了研究。

1.合闸等效性

以典型 220kV SF$_6$断路器为参考，设定断路器的合闸速度为 2.5m/s，触头间距为 200mm，触头间电压为 220kV。断路器气室内的压力一般为 0.5MPa，该压力下 SF₆ 气体的击穿电压可根据下式计算。

$$U = 17.5d \tag{2-1}$$

式中，U 为击穿电压，单位为 kV；d 为触头间距离，单位为 mm。

首先，计算单相的合闸起始时间与电磁波信号产生时刻的时间差。设 $t=0$ 时，断路器动触头开始向静触头运动，此后动静触头间的电压 u_1 如式 (2-2) 所示。

$$u_1 = 220\sin(\omega t + \varphi) \tag{2-2}$$

式中，φ 为 $t=0$ 时，该相电压的相角，即初相角；ω 为角频率。

动静触头间的击穿电压 u_2 如式 (2-3) 所示。

$$u_2 = 17.5(D - vt) \tag{2-3}$$

式中，D 为初始时刻的动静触头间距；v 为动触头的运动速度。其中，v 为 2.5m/s，D 为 200mm。

当 u_1 大于 u_2 时，动静触头击穿，电磁波信号产生。电磁波信号产生时刻取决于初相角，电磁波信号产生时刻与初相角间的关系如图 2-1 所示。

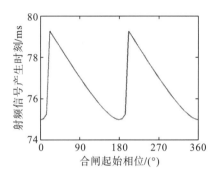

图 2-1 电磁波信号产生时刻与初相角间的关系

其次，假设三相不同期时间为零，即同时开始合闸，同时完成合闸。由于三相初相角相差 120°，三相电磁波信号产生的时刻不同，存在时间差。这说明辐射电磁波法的检测结果大于实际的三相不同期时间，增大的数值取决于初相角。图 2-2 中给出了三相不同期时间为零时，各相间辐射电磁波法检测时间差与 A 相初相角的关系。

取三相时间差的最大值即可得到不同期时间辐射电磁波法检测结果与 A 相初相角的关系，如图 2-3 所示。从图中可以看出，当三相不同期时间为零时，辐射电磁波法的检测结果为 2～3.7ms。

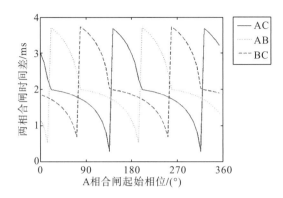

图 2-2　三相不同期时间为零时，各相间辐射电磁波法检测时间差与 A 相初相角的关系

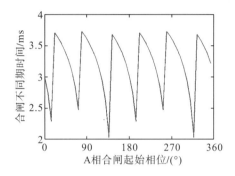

图 2-3　三相不同期时间为零时，不同期时间辐射电磁波法检测结果与 A 相初相角的关系

　　最后，假设三相不同期时间为 0～8ms，出现的概率相同，即各相起始运动时刻存在 0～8ms 的不同步，分别存在于 AB 相间及 AC 相间(存在于 BC 相间与存在于 AB 相间时相同，故忽略)时，合闸不同期时间与辐射电磁波法检测结果及合闸初相角的关系如图 2-4 所示。

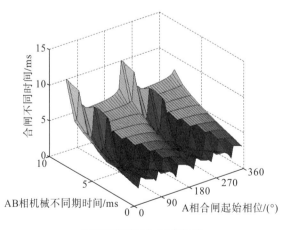

(a)不同期时间为 AB 相间时

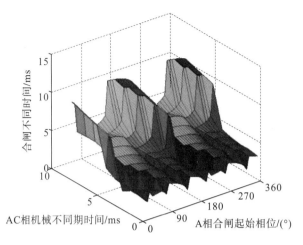

(b) 不同期时间为 AC 相间时

图 2-4　合闸不同期时间与辐射电磁波法检测结果及合闸初相角的关系

从图中可以看出，随着三相不同期时间的增大，辐射电磁波法检测结果的数值也在增大。在三相不同期检测中，主要关注不同期时间是否超过 5ms，在三相不同期时间大于或等于 5ms 的 500 个仿真点中，辐射电磁波法检测结果同时也大于 5ms 的点有 470 个，占总点数的 94%。这说明当使用辐射电磁波法检测断路器不同期时间的结果大于 5ms 时，其机械不同期时间同样大于 5ms 的概率为 94%，即当不同期时间大于 5ms 时，可以认为断路器三相不同期时间不合格为大概率事件。

2.分闸等效性

不同于合闸过程，当动静触头分离时，两者的间距很小，其承受的击穿电压远低于触头间的电压，动静触头间立即击穿，电磁波信号随即产生。因此，基本可以认为分闸时，辐射电磁波法的测量结果与传统方法一致。

有一种可能存在的特殊情况需要指出，分闸瞬间，某一相触头间的电压恰好为零，不会发生击穿。此后，动静触头间的电压 u_3 如式(2-4)所示。

$$u_3 = 220\sin(\omega t) \tag{2-4}$$

式中，ω 为角频率。

动静触头间的击穿电压 u_4 如式(2-5)所示。

$$u_4 = 17.5vt \tag{2-5}$$

式中，v 为动触头的运动速度，对于 220kV 断路器，v 为 10m/s。

由于 u_4 的上升速度大于 u_3 的上升速度，因此，动静触头间不会击穿，电磁波信号不会产生。

此种情况为小概率事件，可以认为分闸时，辐射电磁波法检测结果与传统方法一致，即当分闸不同期时间大于 3ms 时，断路器机械性能不合格为大概率事件。

3.讨论

上述仿真计算表明，辐射电磁波法与传统检测方法检测结果的区别主要在合闸过程中。上述仿真虽然以 220kV SF$_6$ 断路器为例进行计算，但其结论同样适用于其他电压等级的 SF$_6$ 断路器。而且电压等级越低，合闸速度越低，辐射电磁波法与传统检测方法检测结果等效性越强。

当断路器触头磨损时，其表面粗糙度增加，其击穿电压会比式(2-1)中计算结果有所下降，电磁波信号产生越早，辐射电磁波法与传统检测方法检测结果等效性也越好。

2.2   SF$_6$断路器气体特性检测技术

2.2.1   SF$_6$气体检漏方法

近年来，国内外许多学者广泛研究了 SF$_6$ 气体泄漏检测方法，常用的检测方法有吸收法、声波法、电化学法、紫外线电离法、示踪法、热导法等。下面简单介绍各方法的原理。

(1)吸收法是应用 SF$_6$ 气体强吸收性的原理来进行检测的，主要采用两种技术：一种是红外成像技术；另一种是激光成像技术。依照激光成像原理制成的 HEAD2088 激光成像仪，通过采用红外激光照射待检设备表面，观察其反射光在激光成像取景器上所成图像，能够快速、准确、智能地锁定 SF$_6$泄漏点。

(2)声波法是利用声波在 SF$_6$ 气体中传播的速度比在大气中传播的速度慢的特点进行检测的。利用该原理制成的 SF$_6$ 气体报警仪能检测环境中 SF$_6$ 气体含量大于 2%体积百分比的浓度，可以通过扩展器连接最多达 6 个点的监控系统，但检测下限太低是其最主要的缺点。

(3)电化学法是利用电化学气体传感器通过检测电流来检测气体的浓度，可检测多种有毒气体。其优点是检测气体的高灵敏度及良好的选择性；缺点是漂移幅度随灵敏度增高而增大，衰减速度快，使用寿命短。

(4)紫外线电离法是通过利用 SF$_6$ 气体的吸附特性来工作的检测方法，具有检测精度较高，但量程非常窄，且使用寿命短，不适合在线检测 SF$_6$泄漏。

(5)示踪法是利用 SF$_6$ 气体的吸附特性，在 SF$_6$ 气体中加入某种能被 SF$_6$分子吸附的物质作为标记物，然后通过检测该物质，间接测量 SF$_6$ 气体浓度。该方法的优点是精度非常高；缺点是需要辅助气体，造价成本高。

(6)热导法采用热导型传感器来进行微量分析，该传感器使用寿命长，比较适合在复杂、恶劣的条件下使用，其反应速度慢。但 SF$_6$ 断路器中 SF$_6$ 气体泄漏是一个缓慢的过程，所以这个过程中热导型传感器基本不会发生误报的现象。

　　现如今，较为常用的 SF₆检漏带电检测技术[6]包括电子捕获型、紫外线电离型、高频振荡无极电离型、负电晕放电型及铂丝热电子发射型，目前应用较多的是电子捕获[7]和局部真空负离子捕获[8]等探测技术。其中，电子捕获探测技术需内置辐射源，在使用、储存和运输等方面将受到诸多的限制；局部真空负离子捕获探测技术需要微型真空泵和流量传感器的配合，结构复杂、技术难度大，不适合作为现场在线监测仪器使用[9]；激光成像技术[10]主要是利用反射理论及红外吸收理论，其优点主要表现为可实现定位检测，而主要缺点是这种技术需要一定背景作为反射面，不具有实时性、成本高且检漏仪体积大、质量重，存在检测死角，对其应用推广形成一定的局限性；SF₆红外检漏技术有效地弥补了以上缺陷，因而广泛地应用于带电检测技术中。红外成像检漏技术已在国家电网有限公司中得到广泛应用，效果良好。目前，在红外成像检漏技术上处于先进地位的是美国 FLIR 公司，其生产的 GF360 检漏设备能够远距离准确检测 SF₆气体泄漏点，其高达 0.025K 的热灵敏度，可发现被检测设备微小的温度差别，并准确地读出温度，是集 SF₆气体检漏和红外测温为一体的、高性能的红外成像仪。以下简单介绍红外检漏法机制。

　　光辐射在气体中传播时由于气体分子对辐射的吸收、散射而衰减，因此可以利用气体对某一特定波段的吸收来实现对该气体的检测[11-14]。当光波入射到被检测区域的物体上，并在物体表面上反射，反射光沿着原来的光路，重新返回到检测设备处。由于被测气体与背景有不同的吸收率(反射率)，因此被反射回探测器的光子数量不同，返回的数据被处理后，通过显示设备成像，原理示意图如图 2-5 所示。

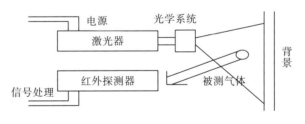

图 2-5　红外探测原理示意图

2.2.2　气相色谱法

　　气相色谱法已被证明可以成功检测出变压器油中溶解气体组分体积分数[17-18]，也可以检测出 SF₆气体中杂质成分，利用固定相的选择性进行分离。此技术没有标准物质，且危险性较大，受到一定的限制，今后引用专有尾气吸收技术可大大提高其在 SF₆分解产物方面的应用性，目前利用气相色谱法主要是应用于新制的 SF₆气体的检测。

2.3   SF$_6$断路器电气特性检测技术

2.3.1   动态接触电阻检测法

动态接触电阻测量法（DRM）[15]是一种基于触头状态参数的断路器故障诊断方法，它的基本原理是利用四线法测量动、静触头在分闸或合闸过程中的动态接触电阻。国内外学者从多个方面对 DRM 进行了研究，结果证明 DRM 是一种重要并有效的 SF$_6$断路器触头状态诊断方法。

动态电阻试验采用四线法，即利用大直流电流测量小电阻。试验回路如图 2-6 所示。

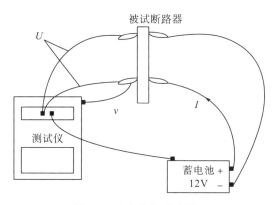

图 2-6   动态电阻试验回路

其主要由动态电阻测试仪、蓄电池电源与被试断路器组成，其基本原理是在被试断路器两端加入直流电流 I，通过电流在触头上的电压降 U 来测量动静触头之间在先合闸后分闸过程中的动态接触电阻，v 为触头运动速度。测试电源使用容量 $2.4×10^5$C 的 12V 恒压铅酸蓄电池，试验中最大可输出 1.5kA 的直流电流。某公司生产的断路器动态电阻测试仪，其基本参数如表 2-1 所示。测试仪输入回路电流与触头速度信号，结合其内部对断口两端电压的测量，通过内部程序的计算，可直接输出动态电阻—时间、动态电阻—行程等曲线。

表 2-1   动态电阻测试仪基本参数

参数	参数值	分辨率
电流量程/A	>2000	0.1
电阻量程/μΩ	10～1000	0.1
速度量程/(m·s^{-1})	0.1～20.0	0.01
行程量程/mm	0～300	1

图 2-7 所示为典型状态下分闸过程的动态电阻—行程曲线。从图中可以看出，曲线主要分为两个阶段，即主触头阶段与弧触头阶段。主触头阶段为主触头与弧触头并联阶段，但由于主触头电阻远小于弧触头电阻，因此主触头阶段的曲线主要体现出主触头的状态信息。弧触头阶段为弧触头单独接触阶段，该阶段曲线体现出弧触头的状态信息。

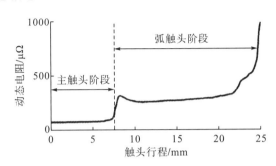

图 2-7　分闸过程典型动态电阻—行程曲线

2.3.2　回路电阻检测方法

开关电器对电力的传输、分配、保护等功能的实现通常是通过开关电器的执行机构——触头系统的动作来完成的[16]，可以说触头系统的好坏直接影响开关电器的电气性能，因而研究触头系统的可靠性具有重要的意义。开关闭合状态下，动、静触头接触处的接触电阻是表征触头电接触工作状况的主要因数，而接触电阻的大小直接反映断路器开关设备电接触的可靠性。研究表明，电接触失效约占电连接器总失效率的 45.1%，处于长期工作下的断路器，其触头表面会受到化学和电化学的腐蚀，其接触面的接触电阻会逐渐增大或变得不稳定，将使触点电路时通时断，甚至根本不导通，断路器不能正常可靠工作。由于接触电阻过高，当通以较大电流时，触头部位发热增加，造成温升过高，严重时会导致触头弹簧永久变形，造成触头压力减小，接触电阻进一步增大的恶性循环，以致烧坏触头，甚至发生熔焊现象，因此会使触头在短路条件下不能正常工作，影响断路器工作的可靠性，降低触头的电寿命。图 2-8 所示为烧毁的断路器触头。

SF₆ 断路器的回路电阻主要由动、静触头间的接触电阻，导电材料本身的电阻及固定连接端子的电阻组成。其中接触电阻占主要部分，远远大于连接杆和接线端子的电阻，因而可以认为接触电阻值近似等于回路电阻值。

一方面，回路电阻作为 SF₆ 断路器电气参数中最重要的特性指标之一，它是供电异常早期警告的关键信息，也是电力系统性能和衰变的最可靠的指示。在评估可靠性和预测大多数类型的电力连接的失效中，回路电阻的稳定性测试是最有效的，回路电阻的大小直接影响到断路器通载额定工作电流时的温升及短路状态下的动、热稳定性。接触电阻值的变化也同样会直接影响到断路器的分合闸可靠性和断路器运行的安全性。具体而言，如果由于某种原因断路器的回路电阻变大，将打破原来的热平衡，加大触头部分的温升，因此带来导电体的电阻率的增加，进一步增加发热量，长时间工作在大电流的情况下，会引起接触面的氧化、支撑绝缘子的软化或老化，造成断路器的故障，使其不能在短路状态下正常工作。

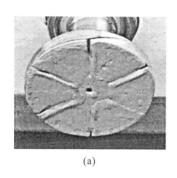 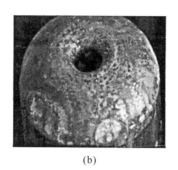

(a)   (b)

图 2-8   烧毁的断路器触头

另一方面，尽管 SF₆ 断路器回路电阻比较小，在正常大电流工作的情况下，接触电阻的异常（一般为电阻值增大），也会带来大量的能量损失。

此外，回路电阻的测试也是断路器出厂试验、型式试验、交接试验及预防性试验等中的必检项目，同时断路器导电回路的电阻值也是断路器在安装、检修、质量验收的一项重要数据。断路器的回路电阻一般是微欧级的小电阻，一般在几十到几百微欧之间，高压断路器的回路电阻值一般小于 $100\mu\Omega$。

随着断路器在高压领域的作用越来越重要，人们进一步认识到接触电阻可靠性研究的意义。通过测试回路的电阻值可以估计出触头的接触状态、触头的磨损程度，进而通过长期的数据监测可以在一定程度上预测触头的使用寿命。

2.3.3   行程—时间检测法

行程—时间特性表现了断路器的开断能力[19-20]，测出动触头的行程时间关系，然后按照行程、时间、速度的物理关系可以计算出断路器的分闸速度和合闸速度及断路器分合闸速度，尤其是断路器合闸前、分闸后的动触头速度，对断路器的开断性能有至关重要的影响。

通过行程—时间方法可以得出动触头行程中的参数，经过计算便可以得到动触头的最大速度和平均速度。从原理上来看，行程检测法是一种比较理想的断路器机械特性检测方法，但是它受实际测量中现场环境的影响较大，对于体积庞大、操动机构复杂的高电压等级的断路器，传感器的安装十分不便，很难保证其准确性。此外，断路器机构动作复杂，行程方向多变，传感器很难做到准确测量。

2.3.4　分合闸线圈电流检测法

脱扣电磁铁是断路器操动机构中的重要元件[21-23]，现在高压断路器的第一级控制元件一般都是电磁铁，断路器合闸或分闸都是受电磁铁的控制。当电磁铁通电时，其线圈中会有电流产生，电流在电磁铁内产生磁通，从而产生电磁力，铁芯在该力的作用下吸合，使断路器动触头动作，完成合闸、分闸动作。从能量的角度分析，电源的电能先通过分合闸线圈转化成磁能，当动铁芯在电磁力作用下运动时，就完成了电能到机械能的转化输出。分析断路器电磁铁通电动作的全过程，电磁线圈中的电流波形的变化表征了断路器的工作情况。目前多数断路器的控制电源都是直流，因此测量直流电磁铁的电流波形可以作为断路器是否出现机械故障的诊断依据，如可以判断二次控制回路的工作情况、线圈是否完好、铁芯运动有无卡滞等。

下面以分闸电磁铁为例来分析电磁铁的整个工作过程，典型电流曲线如图 2-9 所示。根据曲线变化情况，可将电磁铁动作过程分为以下几个阶段。

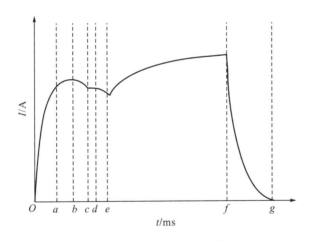

图 2-9　分闸线圈电流曲线

（1）通电后铁芯静止阶段。分闸操作命令发出后，分闸线圈开始带电，一直到 b 时刻之前，铁芯均未动作，此阶段线圈电流按照指数规律上升。

（2）铁芯从静止开始运动。随着电流不断上升，当电磁的吸力大于铁芯的重力和复位弹簧的弹力总和时，也就是 b 时刻，铁芯开始由静止变为运动，电磁铁的气隙不断减小，线圈电流也随之变小。

（3）铁芯撞击掣子弯板时刻。在 c 时刻，当铁芯开始撞到掣子弯板时，操动机构开始动作。撞击的瞬间，由于脱扣轴的反作用力，以及铁芯自身的重力和返回弹簧的弹力共同作用，铁芯速度减小，此阶段电流出现小幅增大。

(4)铁芯顶开脱扣轴后继续运动。在 d 时刻，当铁芯完全顶开脱扣轴之后，将继续运动，此时因为没有了脱扣半轴的阻力，铁芯的速度开始增大，电流在此阶段减小。

(5)铁芯运动到最大行程至分闸结束。到 e 时刻，铁芯达到最大行程，此后将保持在此位置不变，直至分合结束辅助开关接点转换。因为此时线圈的电感为一常数，电流按指数不断上升至稳定值，稳定值由线圈两端施加电压和线圈电阻共同决定。

通过以上分析，分/合闸线圈的电流波形对应断路器分/合闸全过程的机构运动状态，电流信号的变化可以用 b、c、d、e、f 时刻及对应的电流值表述，提取 b、c、d、e、f 时刻及对应的电流值和曲线斜率等参数作为表征断路器电磁铁状态的特征量，这为分合闸电磁铁状态检测及故障诊断提供了依据。分合闸线圈电流特征量与断路器机械缺陷之间的对应关系可归纳如下。

(1)断路器分/合闸时间 f 代表断路器分/合闸结束，辅助开关节点转换时刻，通过分/合闸电流波形可以大致判断断路器分/合闸时间的范围。

(2)$O \sim e$ 代表断路器机构启动部件(分闸线圈铁芯顶杆、机构内部分闸掣子、滚子、轴承等)运动过程。若检修前后或断路器多次分、合操作前后，e 明显增大，说明该断路器启动部件可能存在线圈老化、卡涩等缺陷。

(3)$e \sim f$ 代表断路器主执行机构(分闸弹簧、连杆等)运动过程。若检修前后或断路器多次分、合操作前后，$\Delta T = f - e$ 明显增大，则说明该断路器主执行机构可能存在弹簧疲劳、机构卡涩、传动部件润滑不够等缺陷。

2.3.5　振动信号检测法

高压断路器的动作主要是分闸和合闸两种形态，而无论每一种形态的变化其动作过程都是非常复杂的，其中包括电磁铁、传动机构、操动机构、动静触头等各部件的协同配合[24-25]。这些机械结构在动作过程中必然会有碰撞、摩擦，从而引起断路器表面的机械振动，断路器在工作状态的振动频率一般为 2～5kHz[26-28]。断路器机械振动中产生的振动信号承载了丰富的信息，其形式的变化表征了断路器状态信息。振动信号产生是由多个激励源叠加而成的，其构成比较复杂，由于振动本身瞬动式的特点导致振动信号的变化较快，不易捕捉。

高压断路器的内部结构相当复杂，这使得振动信号的表现也是瞬息万变的。断路器动作时，各部件的动作具有非线性，再加上内部阻力和操作动力的非线性的影响，使得振动信号也呈现了非线性的特点；断路器动作的复杂性，振动程度的强弱不同使得振动信号具有非平稳性的特点，且振动速度快，有效振动信号时间短，一般只有几毫秒。

断路器机械状态改变时，振动信号相应地也会产生变化，这是利用振动信号来确定断路器机械状态的一个理论依据[29-31]。由振动理论可知，只要振动和振动传播途径不发生变化，所得的振动信号就保持相对稳定，所以当断路器机械状态变化时，相同位置测得的振动信号会有很大差别，基于此表明可以利用测量振动信号来判断断路器状态变化。对于同一种类型的断路器，在相同条件下测得的振动信号也是平稳的，这为高压断路器指纹库的建立提供了理论基础。

应用振动传感器采集振动信号，振动传感器体积小、采样频率高，便于安装，不会对断路器本身结构产生破坏性[32-34]。选取正确的安装位置和方式是保证测量精度的一个重要因素。

综上所述，振动信号变化具有随机性、有效时间短的特点，这使得信号的采集和后期处理具有很大难度。直至目前，国内外还没有形成系统完善的振动信号处理方法。国内的研究重点目前也处于测量数据积累方面。

2.3.6　声波信号检测法

从声波信号中可以判断出声源的类别，同时从声波信号中识别出电气设备运行时的固有特征，用声波信号可以识别发动机、汽轮机等多种机械设备的状态并进行故障诊断。有学者针对声波识别电气设备故障的研究，确定了专家诊断系统的方案[35-37]。在水轮机监测空化空蚀方面，可以采用声波信号和振动信号结合的方法。一方面声音信号蕴涵了大量设备状态信息，设备状态改变时，声音信号也会随之改变，所以可以利用声音信号来检测设备状态故障，声音信号在检测电气设备局部放电方面已经有了广泛应用；另一方面声音信号具有非线性、非平稳性的特点，容易受到噪声的干扰使得测量时获得的有效信息量不足，很难做定性分析。

2.3.7　图像检测法

图像法是近年来兴起的一种新型故障检测手段，随着计算机技术的飞速发展，对图像处理、分析的技术已经越来越成熟。图像法与一般的监控录像不同，图像法的重点是在后期对有效信息的提取上，因此图像法的关键是准确采集图像信息。图像信息的采集方法简称标点法，这种方法主要测量的还是行程—时间特性，再通过物理关系，求得断路器分、合闸速度[38-39]。

第3章　SF₆断路器灭弧特性的辐射电磁波检测技术

3.1　检　测　原　理

3.1.1　电弧的产生与维持

两个及其以上导体电气触头通过热电子发射、强电场发射、电场游离、热游离等可产生电弧。在断路器触头间隙中，由热电子发射和强电场发射产生电子，由电场游离产生电弧，由热游离维持电弧燃烧[40]。

1. 电弧的概念

当开关电器开断电路时，U 和 I 达到一定值触头刚分离后，触头间产生的白光为电弧。电弧实质是自由电子从围绕原子核的运动中解脱出来的游离放电现象，触头间气体因游离而形成大量自由电子和正离子，产生光热，变为电弧放电状态，如图3-1 所示。

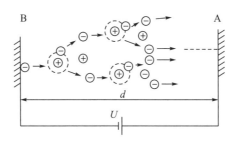

图3-1　电极触头分离发射自由电子

2. 自由电子的来源

当断路器动静触头分离时，触头间接触压力及面积减小，接触电阻增大，使接触部位发热，导致阴极表面温度剧升而发射电子，形成热电子发射。开关电器分闸瞬间，因动静触头距离很小，触头间电场强度大，使触头内部电子在强电场作用下被拉出来而形成强电场发射。阴极表面发射电子在电场力作用下高速向阳极运动，不断与中性质点发生碰撞。当积聚动能足够大时，从中性质点打出电子，使中性质点游离,称为碰撞游离。弧柱中气体分子在高温作用下剧烈热运动,动能很大,中性质点互相碰撞时将被游离而形成电子和正离子,称为热游离。弧柱导电就是靠热游离来维持的。

3. 电弧的形成过程

断路器断开触头刚分离时突然解除接触压力,阴极表面出现炽热点,产生热电子发射;同时,因触头间隙很小,电压强度很高,所以产生强电场发射。从阴极表面逸出电子在强电场作用下加速向阳极运动,发生碰撞游离,导致触头间隙中带电质点急剧增加、温度骤升而发生热游离,在外加电压作用下间隙被击穿形成电弧。

3.1.2　灭弧原理及条件

1. 复合和扩散

灭弧是电弧区内电离质点已不断发生去游离的结果,电弧去游离包括复合和扩散两种情况。复合:异号带电质点电荷发生中和。复合是正负带电质点相结合变成不带电质点的现象。扩散:即自由电子和正离子从电弧区逸出,到达电弧区外并进入周围介质的现象。扩散有以下 3 种形式。

(1)温度扩散。因电弧和周围介质间存在温差,使电弧中高温带电质点向温度较低的周围介质中扩散,所以减少了电弧中的带电质点。

(2)浓度扩散。因电弧和周围介质间存在浓度差,带电质点从浓度高处向浓度低处扩散,所以使电弧中带电质点减少。

(3)吹弧扩散。断路器采用高速气体吹弧,带走电弧中大量带电质点,以加强扩散作用。

2. 电弧的特性

在交流电路中,电流瞬时值随时间变化,故电弧温度、直径及电压也随时间变化,电弧功率跟随电弧电流变化,称为电弧动特性。因为弧柱受热升温或散热降温有一定过程,跟不上快速变化的电流,所以电弧温度变化总滞后于电流变化,称为电弧热惯性。电流每隔半周期要过零一次,称为自然过零,过零时电弧将自动熄灭。

3. 灭弧条件

若过零后电弧不重燃,则其就此熄灭。但在下半周期,随电压增高电弧往往又重燃。若在电流过零、电弧自然熄灭后加强弧隙冷却,则不发生热击穿,且加强去游离,使弧隙介质强度恢复数值始终大于加在弧隙两端的恢复电压,不发生电击穿，则电弧不会重燃，如图 3-2 所示。

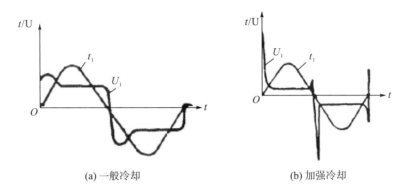

(a) 一般冷却   (b) 加强冷却

图 3-2　交流电弧电压变化曲线

3.1.3　灭弧方法

大多数交流开关电器的灭弧方法都是利用交流电流过零时电弧暂时熄灭的特性。

(1)速拉灭弧：电流过零瞬间拉大触头间距，当电压不足以击穿其间距时电弧不重燃，速度越快，熄弧越快。断路器常装强力跳脱弹簧以加快触头分开速度。速拉灭弧有利于迅速减小弧柱电位梯度，增加电弧与周围介质的接触面积，加强冷却和扩散作用。

(2)吹弧灭弧：利用外力(如气流、油流或电磁力)吹动电弧使电弧加速冷却，同时拉长电弧，降低电弧中的电场强度，加速电弧熄灭。这种灭弧方法按吹弧气流可分为油气、压缩气或 SF₆、产气管吹弧；按吹弧方向可分为纵吹、横吹、纵横吹，如图 3-3 和图 3-4 所示。

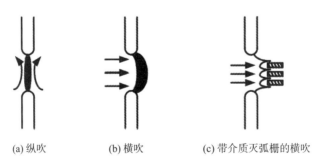

(a) 纵吹   (b) 横吹   (c) 带介质灭弧栅的横吹

图 3-3　吹弧示意图

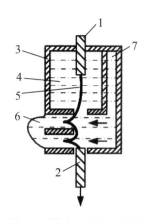

图 3-4　横吹灭弧室示意图

1—静触头；2—动触头；3—密闭燃弧室；4—变压器油；5—电弧；6—横吹孔；7—空气囊

(3)冷却灭弧：降低电弧温度，使正负离子复合增强，利于电弧迅速熄灭。

(4)短弧灭弧：利用金属片将长弧切成若干串联短弧，其上压降近似增大若干倍。当外施电压小于电弧上压降时，电弧不能维持而迅速熄灭。采用钢灭弧栅让电弧进入钢片而利用电动力吹弧或铁磁吸弧，钢片对电弧也有冷却作用。

(5)狭缝灭弧：电弧在固体介质所形成的窄沟内燃烧，压力增大电弧冷却，利于熄弧。可综合运用短弧灭弧和狭缝灭弧两种方法。

(6)真空灭弧：将开关触头置于真空容器中，在电流过零时熄弧。目前，高压开关广泛采用压缩空气、SF₆气体、真空等作为灭弧介质。

3.1.4　电弧放电危害

(1)电弧延长了开关电器开断故障电路的时间，加重了电力系统短路故障的危害。

(2)电弧产生高温使触头表面熔化，烧坏绝缘，还易引起充油电气设备着火、爆炸。

(3)因电弧在电动力、热力作用下能移动，所以很容易造成飞弧短路、伤人或使事故扩大。

3.1.5　运行操作要求

触头动、热稳定是指触头长期在负荷电流下工作时，因接触电阻存在发热现象从而升温，并向周围介质散热，当发热量等于散热量时触头稳定于工作温度下运行。工作温度应小于触头材料的长期允许温度。负荷电流远小于短路电流，其产生的电动力不会影响触头正常工作。而当触头短时通过大电流时，其产生的热效应和电动力则具有冲击特性，会对触头的正常工作造成很大威胁，可能导致触头熔焊、短时过热、接触压力下降等后果，故开关电器需采取有效措施保证触头动、热稳定。电气触头基本要求有：①结构可靠；②接触电阻小且稳定，有良好的导电和接触性能；③通过规定电流时发热稳定且不超过允许值；④通过短路电流时有足够的动稳定性和热稳定性；⑤开断规定、短路电流时，触头不被灼伤，不发生熔焊。

3.1.6　基于辐射电磁波的检测原理分析

现有断路器状态评估方法都是针对断路器某一种特性的检测方法，如机械特性、气体特性和接触电阻。但实际断路器开断能力(即灭弧能力)，是各特性综合作用的结果，实际现场测试中，需要在断路器停电情况下开展多种试验对断路器状态进行评估，操作烦琐，成本高昂。而传统的断路器电寿命曲线评估方法是考虑了开断电流对灭弧室内烧蚀作用的积累效应，不能够反映断路器内部的突发性故障。

断路器在开断电流时，由于触头分离后的击穿过程，空间高频的电磁波辐射将较强，利用近场天线可以检测到。关永刚教授曾试验过多种尺寸和形状的电场和磁场探头。在 6kV 真空接触器的单相开断试验中，在距离接触器触头 1m 左右的位置上，用自制的磁场探头所测得信号的幅值可以达到伏级，不需要放大就可以直接驱动触发器。触发器的输出信号直接用单片机的 I/O 口即可进行记录。图 3-5 所示是开断电流时采集的空间磁场信号和断口电压信号。可见，起弧时断口电压与空间信号波形的突变点在时间上对应得很好，可以利用空间磁场信号在线测定开断电流时电弧的起弧时刻，得到相对准确的燃弧时间，进而更准确地估算断路器开断过程的磨损情况。这种方法在实现上非常容易，只需要简单的磁场探头和触发器电路即可，但看起来空间磁场信号起始部分的幅值很小，如果直接用来确定起弧时刻似乎比较困难，因此需要在测量时增加辅助触发装置。

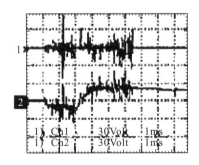

图 3-5　开断电流时采集的空间磁场信号(通道 1)和断口电压信号(通道 2)

断路器开断能力与气体特性、机械特性及绝缘结构等多种因素相关，同时这些因素也决定了断路器开断过程中空间辐射的电磁波信号。刚刚投入使用的断路器，由于具有较快的开断速度、良好的气吹特性、均匀的电场环境及良好的介质强度恢复特性，开断过程中电弧迅速被熄灭，电流过零后绝缘介质的耐受电压大于实际承受电压，因此在灭弧特性良好的断路器动作过程中不会存在过多放电信号。多次开断电流后，由于触头烧蚀、开断速度下降、气体绝缘性能降低及灭弧室内存在金属颗粒等原因，分合闸过程中由于极不均匀电场的存在很有可能多次产生放电信号；当灭弧室各个部件性能进一步劣化，在分闸过程中触头间电流刚刚熄灭及其过零后的短时间内，在恢复电压的作用下灭弧室内部可能会发生局部放电；而当灭弧室性能进一步劣化时，介质恢复速度进一步降低，在恢复电压的作用下很有可能发生重燃。由此可知，性能劣化的断路器动作过程中存在因多种因素作用而导致的多次放电，在空间中则表现为多个电磁波信号，即密集的簇状脉冲信号。因此，断路器动作过程辐射至空间中的电磁波信号信息丰富，利用辐射的电磁波信号可评估断路器的灭弧特性。电磁波信号测试操作简单，测试系统与断路器本体无电气连接，在带电状态下仍可完成测试，由此大大提高了检修的安全性和效率。

断路器分闸时，当动静触头刚刚分离时，触头间 SF₆介质的耐受电压低于动静触头间承受的电压时，动静触头将会立即击穿燃弧，在击穿瞬间，动静触头间电流迅速增加，在空间产生一个突变的磁场，该磁场继而激发一个突变电场，该电场继而激发一个突变的磁场，往复循环，就在空间中激发出一个很高频率的电磁波信号。击穿发生后，电弧中的电流变化接近于工频电流。随着动、静触头间距逐渐增大，电弧在过零点处自然熄灭，不会再激发出高频率的电磁波信号。因此，在断路器灭弧特性良好的情况下，断路器分闸时只会辐射出一次电磁波信号，后续电弧燃烧期间不会再激发其他电磁波信号。正常状态下燃弧灭弧原理图如图 3-6 所示。

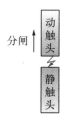

图 3-6　正常状态下燃弧灭弧原理图

然而，断路器在多次操作过程中，高于额定电流数倍的涌流及动、静弧触头间的机械磨损会造成触头变形并产生金属蒸气，使灭弧室的灭弧性能下降。当断路器经过多次烧蚀后，触头表面形成多个微小尖刺，这些尖刺在电场的作用下会形成多个极不均匀的电场区。另外，开关多次动作后会在灭弧室内产生金属颗粒，这些金属颗粒位于灭弧室底部。当开关动作时，灭弧室内的气体剧烈运动，这些颗粒会在气流的带动下运动，使得颗粒处于不同的电场区，颗粒间的电位不同，它们之间、它们与触头之间都可能产生放电，继而激发电磁波信号，颗粒的数量越多，灭弧室的内电场越不均匀。因而，经过多次烧蚀后的断路器，在开断过程中同样会存在一个因第一次燃弧而产生的向外辐射的电磁波信号。但除了该信号外，由于灭弧室内及触头表面存在多个极不均匀的电场区，在第一次燃弧熄灭后的短时间内，电弧可能会再次燃烧，向外辐射电磁波信号，因此，在数个毫秒后再次出现电磁波脉冲信号。灭弧性能劣化后燃弧灭弧原理图如图 3-7 所示。

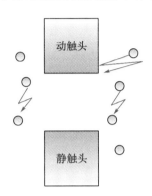

图 3-7   灭弧性能劣化后燃弧灭弧原理图

灭弧特性是断路器开断能力的直接表现，是断路器最重要的性能。断路器在电网中数量庞大，我国电网已发生多起因灭弧性能劣化而导致的安全事故，灭弧特性缺乏有效评估检测手段已成为重大安全隐患之一。断路器开断过程中会向外辐射电磁波信号，该信号是断路器多种特性综合作用的结果，含有丰富的灭弧特性信息，挖掘辐射电磁波信号特征与灭弧特性劣化间的关联性，建立灭弧特性缺陷判定依据，可以为断路器灭弧性能的现场评估提供必要的技术支持。

3.2   影响灭弧特性的主要因素及其对辐射电磁波的影响

目前 SF_6 高压断路器主要通过高速气流来吹灭电弧[41]。对于自能式断路器，高速气流来源于两方面：一方面，断路器开始运动时，灭弧室内部分气体会在操动结构的带动下被压缩而吹向电弧；另一方面，当触头分开时，触头间高能电弧将灭弧室内气体急剧加热并使其膨胀升压，这些气体由于灭弧室的特殊结构通过喷口以接近声速状态重新吹向电弧区域，吹灭电弧。

SF_6 高压断路器开断过程是结合电弧特性、压气特性、气流特性、电磁特性、温度特性、介质恢复特性等的多物理动态过程。实际运行的断路器开断性能影响因素众多，包括开断速度、气体特性及内部结构等多种因素。

3.2.1　开断速度

交流电弧电流过零时，电弧功率也为零，此时弧隙没有能量输入，但仍存在对流、传导、辐射等形式的能量输出。此时，在气吹作用下弧隙内带电粒子的去游离过程大大增强，电弧暂时熄灭。电弧电流过零后，灭弧室内将发生两个作用相反的过程——电压恢复过程和介质强度恢复过程。电路开断后，弧隙电压由 UX 变化到电源电压的过程即为电压恢复过程，而电流过零熄灭后，弧隙由导电通道逐步恢复到绝缘介质的过程则为介质强度恢复过程。断路器能否完成开断工作的关键在于这两个作用相反过程的结果，即是否能够不发生击穿而导致重燃[42]。

根据流注理论，SF₆ 断路器中气体的击穿电压可表示为式(3-1)。

$$U_b = \left(\frac{E}{N}\right) \cdot \left(\frac{U_X}{E}\right) k_p N_0 \left(\frac{T_0}{T}\right) \tag{3-1}$$

式中，E 为计算点的电场强度；N 为气体分子数密度；U_X 为断口间的恢复电压；k_p 为计算点气压与 $p_0=101.325\text{kPa}$ 的无量纲比值；N_0 为常数 $2.45 \times 10^{19}\text{cm}^{-3}$；$T_0$ 为常数 300K。

从式(3-1)中可以看出，断路器灭弧室内电流过零后的介质恢复强度与断口间的气压和温度密切相关，而断路器开断过程中开断速度直接影响着气缸的气压特性。断路器开断过程是非匀速动作，在开断过程初期和末期阶段速度较慢，过程中期分闸速度较快。文献[43]指出，分闸速度影响了断路器的吹弧效应和介质恢复过程：对于半自能式断路器而言，电流过零前分闸速度越小，气缸气压越大，灭弧室内部的吹弧作用越强；而电流过零后，分闸速度过小会降低灭弧室断口间电场强度的下降速率，同样不利于介质恢复过程。而对于自能式断路器，由于断路器多次开断的烧蚀作用，动、静弧触头的尺寸持续减小，造成超程减小，同时由于多次动作导致开断速度降低，往往伴随着断路器开断性能降低。

通过在实验室条件下对断路器不同分合闸速度的情况进行模拟，研究不同分合闸速度对辐射电磁波信号的影响。

1. 分闸过程

试验在电阻负载、多个电压等级、不同烧蚀程度下均完成了动作速度对辐射信号影响的模拟分、合闸过程，现选取烧蚀严重触头在 2kV 电压等级、电阻负载工况下的试验结果作为说明，试验结果如图 3-8 所示。

观察不同速度下分闸信号可以发现，随着分闸速度的逐步增加，分闸过程辐射的信号数量明显逐步减少。且随着速度的增加，触头分闸过程辐射的信号持续时间明显变短。速度为 0.147m/s 时，整个信号波形持续时间长达 5ms。速度增大至 0.599m/s 时，在该种工况下触头分闸过程仅辐射出一个清晰的脉冲信号。将多次测试过程中断口电压与辐射信号峰值统计如图 3-9 所示。

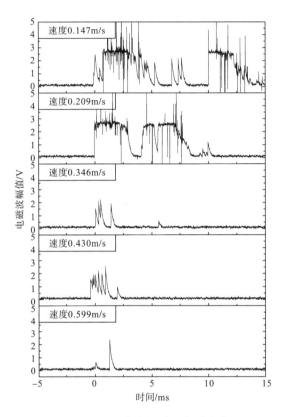

图 3-8   不同速度分闸过程电磁波波形

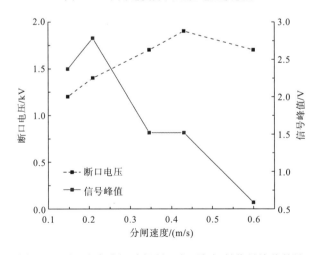

图 3-9   不同速度分闸过程断口电压与辐射信号峰值统计

由于试验电压为交流电压，因此试验中难以保证每次的断口电压一致。由统计图形可知，多次试验过程中电压实际差距不大，且断口电压随着动作速度的增大呈现增大的趋势。由图 3-9 可知，随着动作速度及断口电压的增大，分闸过程辐射信号的峰值呈现逐步降低的趋势，在速度为 0.147m/s、断口电压为 1.2kV 时，辐射信号的峰值接近 2.5V；而当速度增大至 0.599m/s、断口电压增大至 1.7kV 时，触头分闸过程辐射信号的峰值减小至 0.6V。由前文可知，断口电压的增大会导致断路器分闸过程辐射信号的峰值增大，因此可推断图 3-9 中信号峰值呈现降低趋势是由动作速度逐步增大造成的，且动作速度对辐射信号的负作用要大于断口电压对辐射信号的正作用。

2. 合闸过程

选取烧蚀严重触头在 2kV 电压等级、电阻负载工况下的试验结果作为说明，试验结果如图 3-10 所示。

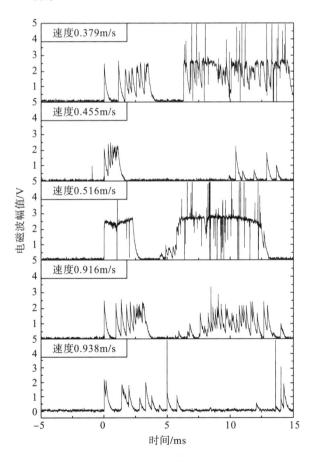

图 3-10   不同速度合闸过程电磁波波形

    观察不同速度下合闸过程信号对比可以发现，在电压等级、负载相同的情况下，断路器触头合闸速度越快，合闸过程辐射的电磁波信号数量越少。在 0.379m/s 合闸速度时，脉冲数量较多，约为 10 个；而在 0.938m/s 合闸速度时，电磁波信号数量约为 6 个，小于第一个速度合闸时辐射的脉冲信号数量。另外，电磁波信号峰值随着动作速度的增加呈现降低的趋势。为了研究合闸过程中断口电压及信号峰值，将每次测试结果绘制如图 3-11 所示。

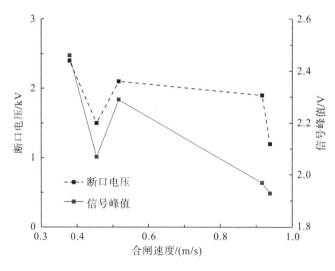

图 3-11   不同速度合闸过程断口电压、信号峰值统计

    与不同速度完成分闸过程测试结果类似，由于回路电压为交流电压，多次测试过程中断口电压存在差异。随着合闸动作速度的增加，合闸过程辐射信号的峰值明显呈现出降低趋势，在动作速度为 0.379m/s、断口电压 2.4kV 时，合闸过程辐射信号的峰值达到 2.47V；当速度为 0.938m/s、断口电压为 1.3kV 时，合闸过程辐射信号的峰值减小到 1.93V。综合前文中断口电压对辐射信号的正向作用考虑，可以认为在多次测试断口电压轻微波动的情况下，合闸过程辐射信号幅值明显降低的原因是动作速度的逐步增大。

3.2.2   气体特性

    灭弧室是开关的核心部件，气体压力是灭弧室的重要参数之一。灭弧室内的气体压力直接影响着开关设备的开断性能，灭弧介质中的绝缘强度和开断电流能力与气体压力有关，只有在一定的气体压力范围内，开关设备的性能才能得到保障。而制造质量、运输、安装、运行损耗和现场使用环境等原因均会导致气体压力下降。目前灭弧室内的测试检测方法众多，如光电转换法、脉冲电流法、屏蔽罩电位检测法等。

　　灭弧室真空度和局部放电的关系通过实验研究发现，真空灭弧室内真空度降低到 0.5Pa 以上会发生局部放电，随着真空灭弧室真空度的劣化局部放电密度变大，放电量增强。光电转换法是利用光学元件在电场中能改变光学性能的原理，把与真空度对应的电场的变化，转化为光通量的变化再经光纤传到低电场区或控制系统中进行监测。脉冲电流法是由英国电气工程学会提出的，是国际上唯一有标准的局部放电检测方法，也是目前来讲应用最为广泛的局部放电检测方法。脉冲电流法利用了局部放电在测量回路中引起的电荷转移，继而产生高频的脉冲电流信号，该信号经检测阻抗形成可被仪器检测的脉冲电压。

　　SF_6 气体由于具有优良的绝缘和灭弧性能，因此被广泛应用于 GIS、SF_6 高压断路器、变压器等重要电气设备中，SF_6 气体纯度直接影响了多种电气设备的可靠性。在断路器正常条件下，电弧开断过程中，由于能量集中，因此电弧中心温度极高，最高可达 20000K，该过程中 SF_6 气体会发生分解—复合过程[43-45]。

　　当温度超过 1500K 时，SF_6 分解为 F 和 SF_4，此时伴随着 SF_6 体积分数的下降，F 和 SF_4 的体积分数开始增大；温度进一步升高至 4000K 时，灭弧室内几乎不存在未电离的分子，此时电子大多在负离子的作用下被束缚；温度达到 15000K 时，灭弧室内的粒子大多以正离子和电子的形式存在。在时间尺度为微秒级别的电弧冷却过程中，由于灭弧室内存在杂质气体及开断过程中产生的金属蒸气，因此复合过程中会产生多种不同成分的分解物[46-48]，如图 3-12 所示。

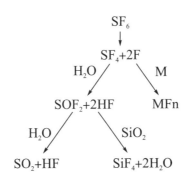

图 3-12　SF_6 气体分解产物示意图

　　文献[50]通过大量试验研究了断路器开断过程中不同大小的燃弧能量和燃弧时间等因素对气体分解物成分的影响。研究表明，开断过程中 SO_2 大部分是由 SF_6 中间产物继续与气体中的水分作用形成的，当开断电流小于 15kA 时由于吸附剂长时间的作用分解产物最终检测的含量为零。文献[50]介绍了一起因绝缘气体含有杂质性能下降而发生的 SF_6 高压断路器检修案例。在实际运行中，多次开断及检修过程，可能会造成灭弧室内气体杂质的增加，从而导致断路器的开断能力下降。

　　通过在实验室条件下对断路器不同灭弧介质的情况进行模拟，研究不同灭弧介质对辐射电磁波信号的影响。在负载为 92kΩ 电阻、分合闸电压为 2kV、分合闸速度为 3m/s 的条件下，合闸实验结果如图 3-13 和图 3-14 所示。

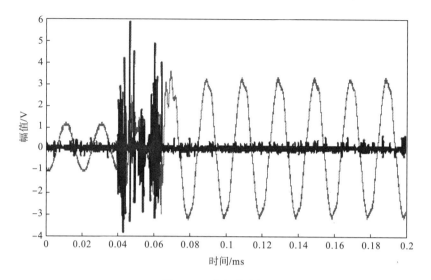

图 3-13　空气中合闸

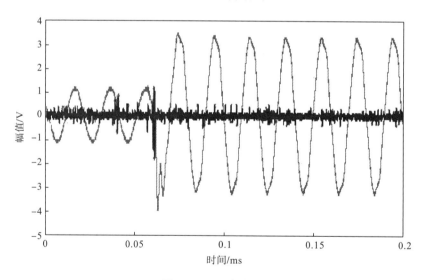

图 3-14　SF$_6$中合闸

从图 3-13 和图 3-14 中可以看出，当灭弧介质为 SF$_6$时，空间中的电磁波信号明显比空气介质时少得多，这也证明了 SF$_6$具有良好的灭弧性能。

同样条件下分闸的实验结果如图 3-15 和图 3-16 所示。

从图 3-15 和图 3-16 中可以看出，分闸时灭弧介质为 SF$_6$时空间中的电磁波信号同样比空气介质时少得多，与合闸时的情况相同。

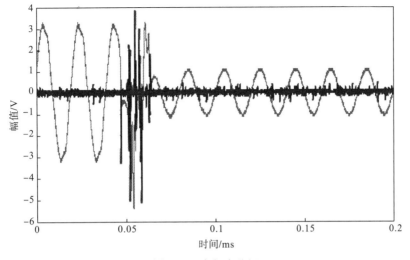

图 3-15　空气中分闸

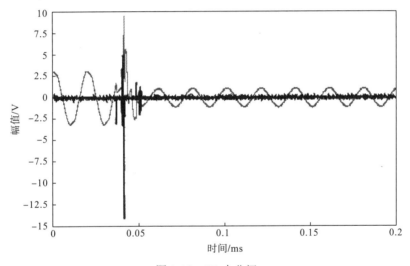

图 3-16　SF$_6$ 中分闸

3.2.3　内部结构

　　根据断路器触头的相对位置可将断路器开断过程分为 3 个阶段。第一阶段为动静弧触头接触阶段，即超程阶段，此时喷口尚未打开，因此灭弧室内各部分之间尚无能量交换；第二阶段为动静弧触头刚刚分离阶段，此时静触头位于喷口界面最小处，该阶段中断口电弧所产生的电弧能量不断输入压气室内，同时灭弧室内气体由于受热而温度上升；第三阶段为动静弧触头分离至彻底断开过程，该阶段内电弧随着触头运动而被拉长，灭弧室内各部分能量交换继续增大，此时压气室内压力进一步增大，从而在压差作用下喷口处形成高速气流，完成吹弧过程。

在整个开断过程中，断路器灭弧室内各部分之间的能量交换及气体流速的大小与喷口直径、孔径位置及大小等结构参数有直接关系。文献[51]基于热力学中能量守恒定律和流体动力学建立了断路器开断过程的参数模型，研究了各结构因数对断路器开断能力的影响。计算表明，喷口直径的增大会导致灭弧室内的最大气压降低，影响开断过程的吹弧过程，进而影响开断能力。

3.2.4 断口电压

负载为电阻负载时，首先在 0.3kV 电压等级下完成不同速度下的分合闸过程，然后升高电压等级并在每个电压等级下均完成不同速度下的分合闸过程。完成测试后选取不同电压等级下分合闸速度比较接近的测试结果研究电压对辐射信号的影响。

1. 分闸过程

分闸过程典型测试结果如图 3-17 所示。

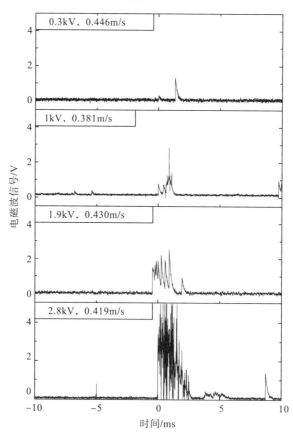

图 3-17   不同电压分闸过程中电磁波波形

观察不同电压等级下分闸信号对比图可知，随着电压等级的提高，断路器分闸动作辐射的信号数量明显增多。在 0.3kV 电压等级下，断路器分闸过程中仅向外辐射出一个脉冲信号，信号波形清晰。随着电压等级的提高，脉冲信号数量逐渐增多，当提升至 2.8kV 时，信号数量明显多于较低电压等级情况，且由于电压等级较高，因此分闸过程出现多个杂波信号。将多次测试过程实际动作电压与测试结果中脉冲信号峰值汇总，如图 3-18 所示。

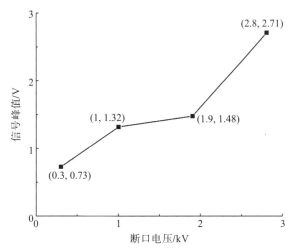

图 3-18   分闸过程中断口电压与信号峰值统计

根据不同电压等级断口电压与信号峰值对比可知，在速度相近的情况下，随着断口电压的增加，断路器分闸过程辐射信号的峰值逐步变大。由此可知，在其他条件相同的情况下，断口电压越大，分闸过程开断电弧的能量越大，从而导致电弧熄灭困难。

2. 合闸过程

合闸过程典型测试结果如图 3-19 所示。由于在 4kV 电压等级合闸过程测试中，没有与其余 3 组电压等级合闸过程相近的速度，仅选取 3 组电压等级作为对比。

观察对比波形可知，合闸过程与分闸过程相似，随着电压等级的提高，断路器合闸过程辐射电磁波信号的数量明显增多。在 0.8kV 电压等级下，断路器合闸过程仅辐射一个脉冲信号，且波形清晰无杂波；当电压等级提高至 2.2kV 时，电磁波信号持续时间变长，约为 2ms，波形中仅存在一个杂波信号；当电压等级提高至 4.3kV 时，电磁波信号持续时间继续增大，约为 7ms，电磁波信号数量明显多于较低电压等级，且信号波形中存在很多合闸造成的杂波信号。3 组电压等级合闸过程测试结果中的断口电压与信号峰值统计，如图 3-20 所示。根据不同电压等级的断口电压与信号峰值对比可知，合闸过程与分闸过程相似，在速度相近的情况下，随着断口电压的增加，断路器合闸过程辐射信号的峰值逐步变大。

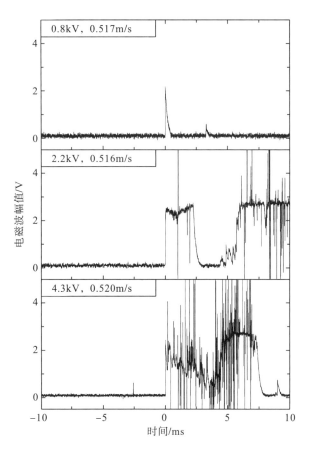

图 3-19　不同电压合闸过程中电磁波波形

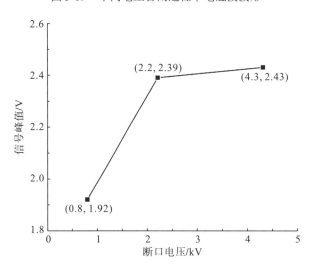

图 3-20　合闸过程中断口电压与信号峰值统计

3.2.5 负载种类

本次试验为研究负载种类对辐射信号的影响，在考虑试验设备及回路电流的基础上决定采用 138kΩ 电阻与 0.1μF 电容作为电路负载，其中 138kΩ 电阻为 3 个 46kΩ 电阻串联而成。电容接入试验回路时，电流随电压增大而迅速增大，在相同试验电压下，回路电流远大于电阻负载时回路电流，且电容负载分合闸过程中存在明显的电弧放电现象。

考虑试验安全因素，仅在 1.5kV 电压等级下完成一种速度下触头分合闸过程，选取 1.5kV 电阻负载下相近速度的分合闸信号作为对比，研究负载种类对分闸过程辐射信号的影响。

1.分闸过程

不同负载下分闸过程典型对比结果如图 3-21 所示。

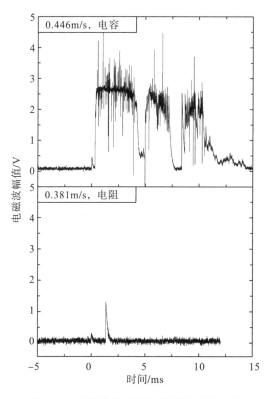

图 3-21 不同负载下分闸过程电磁波波形

根据不同负载在 1.5kV 电压等级、相近速度下的对比结果可知，回路接入电容负载时分闸过程辐射信号数量远远多于回路接入电阻负载。电容负载回路中，分闸过程辐射电磁波信号的持续时间约为 10ms；而电阻负载回路中，辐射信号仅为单个脉冲信号，且信号波形清晰无杂波干扰。断路器开断两种负载回路的实际断口电压与信号峰值统计如表 3-1 所示。在断口电压相近的情况下，断路器开断电容负载回路辐射信号的峰值为 2.69V，而开断电阻负载回路辐射信号峰值仅为 1.28V，远小于开断电容负载。

表 3-1   两种负载回路的断口电压与信号峰值统计

	电容负载	电阻负载
断口电压/kV	0.8	0.97
信号峰值/V	2.69	1.28

2. 合闸过程

不同负载下合闸过程典型对比结果如图 3-22 所示。根据不同负载在 1.5kV 电压等级、相近速度下的对比结果可知，回路接入电容负载时断路器辐射信号数量远远多于回路接入电阻负载。电容负载回路中，电磁波信号持续时间大于 10ms；

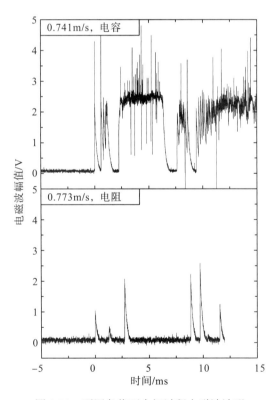

图 3-22   不同负载下合闸过程电磁波波形

而电阻负载回路中，辐射信号为数个波形清晰的脉冲信号，不存在由合闸过程引起的杂波干扰.断路器闭合两种负载回路的实际断口电压与信号峰值统计如表 3-2 所示。在实际断口电压相近的情况下，断路器闭合电容负载回路辐射信号的峰值为 1.91V，而开断电阻负载回路辐射信号峰值仅为 0.97V，远小于开断电容负载。

表 3-2　两种负载回路的断口电压与信号峰值统计

	电容负载	电阻负载
断口电压/kV	2.8	2.3
信号峰值/V	1.91	0.97

3.2.6　烧蚀程度

电触头熔焊是造成断路器灭弧能力下降的重要原因，触头熔焊的形成与参数之间存在复杂的函数关系，如开断电流、电压、触头压力、触头材料及燃弧时间等。即便在开断电流相同的情况下，由于存在其他不确定因素，因此触头熔焊程度也会有所差异。

触头材料是电触头抗熔焊性能的重要影响因素之一。触头材料的熔点熔化潜热、气化潜热比热容较高时，触头所承受的熔焊力降低，由此可提高触头材料的抗熔焊性能，提高触头材料的硬度会降低触头材料的抗熔焊性能，触头材料的导电率与导热率的提高同时也会提高触头材料的抗熔焊性能。触头表面微观结构同样对其抗熔焊性能有重要影响，触头材料在电弧侵蚀过程中的物相变化十分复杂，二者的定性关系目前还没有统一的结论，仍需要进一步实验研究和理论分析。

触头弹跳和触头的制造工艺是影响断路器触头抗熔焊性能，进而关系断路器灭弧能力的另外两个重要因素。断路器投切过程中存在一连串的触头跳动过程，正常跳动过程幅度在几十到几百微米的范围内，时间约为几毫秒。降低触头质量、关合速度并增加关合位置的压力对降低触头弹跳有明显作用。改变触头弹簧安装位置，即将安装在动触头位置的弹簧改为静触头端，并将弹簧参数调整至最优，可以有效降低甚至消除合闸弹跳。触头制造工艺主要包括真空自耗法、真空熔铸法、熔渗法和烧结法。其中，真空熔铸法是国内独创工艺，该制作工艺制造的断路器触头具有机械强度好、Cr 颗粒细小的优点；而利用熔渗法所制造的 CuCr 触头抗电弧烧蚀能力要强于烧结法产品。

本次试验选取了两种烧蚀程度不同的触头作为分合开关，如图 3-23 所示。每种烧蚀程度的开关均完成了速度、电压、负载的试验研究，现取 2kV 电压等级下电阻负载的测试结果作为说明。

图 3-23　两种烧蚀程度不同的触头

1. 分闸过程

2kV 电压等级、相同负载、相近速度情况下，不同烧蚀程度的触头分闸过程对比结果如图 3-24 所示。严重烧蚀触头与崭新触头分闸过程辐射信号均存在因分

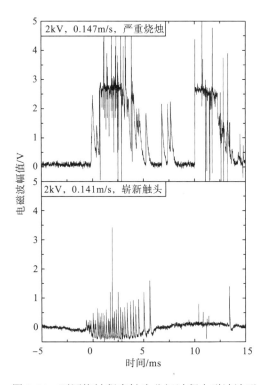

图 3-24　不同烧蚀程度触头分闸过程电磁波波形

闸造成的杂波干扰信号。但二者辐射信号的数量有明显区别，严重烧蚀触头分闸过程辐射信号持续时间约为 5ms，其间信号幅值保持相近；而崭新触头分闸过程辐射信号的数量明显小于严重烧蚀触头，信号持续时间约为 4ms，但在持续时间内仅存在有限数量的信号，不是充斥整个分闸过程。

　　将两种烧蚀程度不同的触头分闸过程的断口电压与信号峰值统计如表 3-3 所示。在二者断口电压分别为 1.1kV、0.9kV 时，严重烧蚀触头分闸过程辐射信号峰值达到了 2.71V，而崭新触头分闸过程辐射信号峰值仅为 0.85V。辐射信号峰值变化远大于由电压造成的变化范围，可以认为是烧蚀程度造成了辐射信号峰值的巨大差异。

表 3-3　不同烧蚀程度触头分闸过程断口电压与信号峰值统计

烧蚀程度	严重烧蚀	崭新
断口电压/kV	1.1	0.9
信号峰值/V	2.7	0.85

2. 合闸过程

　　不同烧蚀程度触头合闸过程对比结果如图 3-25 所示。在 2kV 电压等级、相同

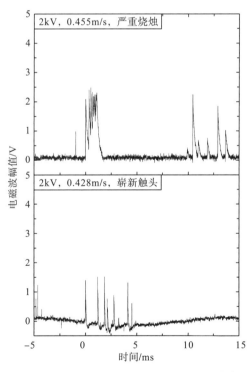

图 3-25　不同烧蚀程度触头合闸过程电磁波波形

负载、相近速度情况下，严重烧蚀触头合闸过程辐射信号持续时间较短，约为 2ms，小于崭新触头合闸过程。但严重烧蚀触头合闸过程辐射信号区间内充满电磁波信号，崭新触头辐射信号区间仅存在数个电磁波信号。严重烧蚀触头辐射信号数量仍多于崭新触头合闸过程。

将两种烧蚀程度触头合闸过程断口电压与信号峰值统计如表 3-4 所示。在 2kV 电压等级下，严重烧蚀触头与崭新触头合闸过程断口电压分别为 1.4kV、1.5kV，但严重烧蚀触头辐射信号峰值达到了 2.38V，崭新触头辐射信号峰值仅为 1.08V，远小于严重烧蚀触头辐射信号峰值。

表 3-4   不同烧蚀程度触头合闸过程断口电压与信号峰值统计

烧蚀程度	严重烧蚀	崭新触头
断口电压/kV	1.4	1.5
信号峰值/V	2.38	1.08

实际断路器开断容量过大，试验室难以提供试验条件，为满足研究断路器分合闸过程辐射电磁波信号的需要，设计了小型断路器分合闸模拟试验平台，针对影响断路器灭弧性能的多种因素进行了试验研究。试验表明，断路器分合闸过程辐射电磁波信号受多种因素影响，其中断口电压越高、动作速度越慢、触头烧蚀越严重均会使得辐射的电磁波信号幅值增大，信号数量增加或持续时间变长；断路器开断电容负载比电阻负载辐射的信号幅值更大，数量更多。

3.3   辐射电磁波与灭弧特性间的数学模型

3.3.1   真型试验回路

断路器的真型试验开断容量极大，直接由单一电源提供试验所需的高电压、大电流难以实现。断路器开断过程按照时间可分为 3 个阶段，即大电流阶段、相互作用阶段及高电压阶段。大电流阶段中，触头刚刚分离，此时弧隙电压尚未出现明显变化，断路器触头表现为低阻状态，流过的故障电流约在数十千安培量级；相互作用阶段中，电流尚未过零，电弧尚未熄灭，此时回路正处于由大电流状态向高电压状态的过渡过程；高电压阶段中，电弧已经熄灭，此时弧隙通道表现为高阻状态，断路器流过电流极低，断口电压为恢复电压。由于断路器开断故障电流过程中分别承受大电流、高电压工况的特点，因此实际真型试验中多采用合成回路的方法，真型试验回路如图 3-26 所示。合成回路中，在大电流阶段首先由电流源提供断路器开断的故障电流，开断过程中电流过零之前的极短时间内触发电压源回路，电流过零后辅助断路器切断电流源回路由电压源提供断路器所需恢复电压。

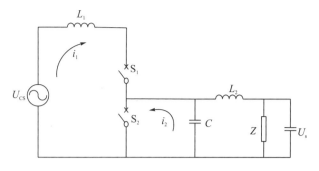

图 3-26　真型试验回路

U_{CS}—电流回路电压；i_1, i_2—电流回路电流；L_1—电流回路电感；C—电压回路时延电容；L_2—电压回路电感；

Z—电压回路等效波阻抗；U_S—电压回路充电电压；S_1—辅助断路器；S_2—被试断路器

3.3.2　运行电流分合闸试验回路

由于断路器实际开断的主要任务为开断数百安培的运行电流，因此这里利用河南平高集团提供的试验条件完成了运行电流下的多次分合闸试验，以研究经过烧蚀后的断路器在正常工况下分合闸过程辐射电磁波信号的变化，试验回路如图 3-27 所示。回路中的升压变提供试验所需电源，原始状态与烧蚀后的断路器分别完成了电压为 145kV、电流为 350A 工况下的分合闸过程。

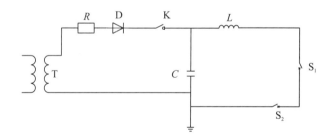

图 3-27　运行电流分合闸试验回路

T—升压变；L—回路电感；C—分压器；S_1—被试断路器；S_2—辅助断路器

3.3.3　灭弧室烧蚀情况

综合考虑了被试品厂家提供的说明建议，断路器实际运行中的相关规定标准及试验成本，目前试验共完成了 6 次开断电流为 40kA、电压为 220kV 的烧蚀试验。

被试品断路器经过 6 次烧蚀试验后，灭弧室内喷口状态如图 3-28 所示。经过多次额定短路电流的烧蚀作用后，被试品的喷口处存在明显的烧损痕迹，即一大一小两处缺口。两处缺口呈现不规则形状，其中较大缺口的最大长度达到了 6.93mm。由此可知，断路器开断多次大电流后，喷口烧损严重，影响了灭弧室的气场特性，从而造成断路器灭弧能力下降。

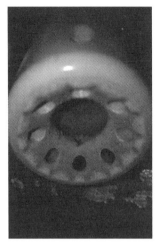

图 3-28　烧蚀后断路器喷口状态

　　被试品断路器经过 6 次烧蚀试验后，对断路器进行了解体工作，测试了动弧触头前端外径与静弧触头前端直径，烧蚀后动、静弧触头状态如图 3-29 所示。拆

(a)动弧触头

(b)静弧触头

图 3-29　烧蚀后断路器动、静弧触头状态

卸过程中由于操作失误，致使动弧触头存在碰损。除此之外，在多次大电流的烧蚀作用下，断路器的动弧触头并未呈现出肉眼可见的明显变化。然而观察静弧触头可以发现，在多次大电流的烧蚀作用下，静弧触头前端直接承受烧蚀作用部分已经明显呈现出直径不均的现象，这是由于开断过程的高温导致触头部分熔化后冷却造成的。

　　由于大电流对动、静弧触头的烧蚀作用不均，因此从动弧触头前端外径及静弧触头前端直径多角度分别进行了测试，测试结果如表 3-5 所示。断路器经过多次大电流的烧蚀作用后，动、静弧触头的外径或直径多角度下明显不同。在大电流的侵蚀作用下，静弧触头的前端直径最大为 19.36mm，最小为 19.01mm，差值达到 0.35mm。而动弧触头在大电流的侵蚀作用及与静弧触头配合作用下，外径最大差值达到了 0.54mm。由此可知，断路器在多次大电流的侵蚀作用下，触头结构存在明显变化，即动、静弧触头接触部分存在因熔化冷凝过程及配合作用下导致的外径增大且分布不均现象。该结构的变化直接减弱了动、静弧触头的配合作用，减小了二者之间的咬合力，并且烧蚀不均导致电阻增大，影响了接触部分的温升，进一步降低了断路器的灭弧性能。

表 3-5   烧蚀后动、静弧触头的测试结果

动弧触头测试位置 与水平夹角/(°) （静弧触头测试视图）	0 （正视图）	30 （左视图）	60 （后视图）	90 （右视图）
动弧触头外径/mm	37.30	37.49	37.67	37.13
静弧触头直径/mm	19.01	19.35	19.01	19.36

1. 灭弧室喷口烧蚀情况

灭弧室喷口烧蚀情况如表 3-6 所示。

表 3-6   灭弧室喷口烧蚀情况

	原始状态	第一组烧蚀后	第二组烧蚀后	第三组烧蚀后
内径/mm	23.6	23.82	24.13	26.34
照片				

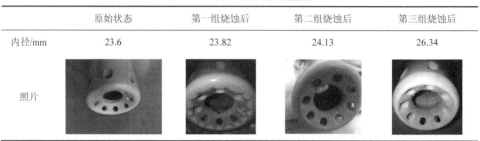

2. 动弧触头烧蚀情况

动弧触头烧蚀情况如表 3-7 所示。

表 3-7   动弧触头烧蚀情况

	原始状态	第一组烧蚀后	第二组烧蚀后	第三组烧蚀后
内径/mm	37.5	37.30	37.49	37.67
外径/mm	18.8	19.01	19.35	19.01
照片				

3. 静弧触头烧蚀情况

静弧触头烧蚀情况如表 3-8 所示。

表 3-8　静弧触头烧蚀情况

	原始状态	第一组烧蚀后	第二组烧蚀后	第三组烧蚀后
前端长度/mm	4.9	4.84	4.34	4.05
前端宽度/mm	18.9	19.04	19.24	19.39
总长度/mm	24	23.97	23.78	23.71
照片				

4. 主触头烧蚀情况

主触头烧蚀情况如表 3-9 所示。

表 3-9　主触头烧蚀情况

	角度 1	角度 2	角度 3	角度 4
原始状态				
烧蚀后				

3.3.4　辐射电磁波信号对比

1. 分闸过程

本书在真型试验中完成了断路器原始状态、开断三次短路电流及开断六次短路电流 3 种状态下正常运行工况的分闸试验，3 种状态下断路器分闸过程回路参数相同，分闸过程试验回路的电压电流信号如图 3-30 所示。分闸试验前，被试断路器 S_1 处于合位，辅助断路器 S_2 为分位，首先由 S_2 完成合闸过程使得回路导通，电流流过被试断路器 100ms 后 S_1 完成分闸过程，之后 S_2 分闸完成分闸试验。

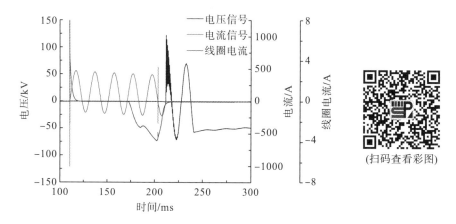

图 3-30   分闸过程试验回路的电压电流信号

    3 种状态下断路器分闸过程辐射电磁波信号如图 3-31 所示。其中，图 3-31(a) 所示为断路器整个分闸过程中采集的电磁波信号，图 3-31(b) 所示为断路器分闸瞬间前后采集的电磁波信号。将断路器空载分闸过程辐射信号作为基准信号进行对比，可以发现多次测试结果一致性很好。由前文分析可知，测试结果中 3 个超量程信号分别代表了辅助断路器 S_2 合闸、被试断路器 S_1 分闸及辅助断路器 S_2 分闸，同时由于断路器空载分闸过程中几乎不存在操动机构辐射的干扰信号，因此第二个超量程信号前后即为断路器分闸过程灭弧室辐射的有效信号，如图 3-31(b) 所示。

    对比 3 种状态下断路器分闸过程灭弧室辐射信号可知，随着开断短路电流次数的增加，断路器分闸过程灭弧室辐射信号峰值逐渐增大，且峰值数目逐步增加。在原始状态下，分闸过程中灭弧室仅向外辐射两个峰值较小的信号，波形相对清晰；经过三次短路电流烧蚀后，分闸过程中灭弧室辐射信号表现为峰值较小的簇状脉冲形式，意味着此状态下的分闸过程中灭弧室内部发生了多次放电，但放电程度较小；继续经过三次短路电流烧蚀后，分闸过程中灭弧室辐射信号表现为峰值明显增大的簇状脉冲，说明该状态下灭弧室由于内部各关键部件间的烧损、侵蚀等原因而导致其内部电场分布更加不均。根据 3 种状态下分闸过程断路器灭弧室内部辐射的有效信号对比可知，综合考虑辐射信号的波形、峰值及峰值数目可判断灭弧室内部状态，进而评估断路器的灭弧性能。

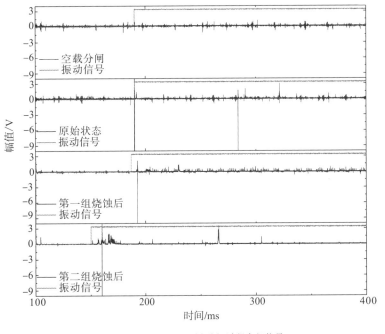

（扫码查看彩图）

(a) 分闸过程全部信号

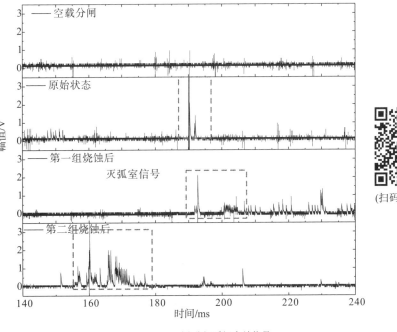

（扫码查看彩图）

(b) 分闸瞬间有效信号

图 3-31　分闸过程检测信号

2. 合闸过程

与分闸过程试验相同，真型试验中完成了断路器原始状态、开断三次短路电流及开断六次短路电流 3 种状态下正常运行工况的合闸试验，3 种状态下断路器合闸过程回路参数相同，合闸过程电压电流信号如图 3-32 所示。合闸前，被试断路器 S$_1$ 处于分位，辅助断路器 S$_2$ 为分位。首先由 S$_2$ 完成合闸过程，此时被试品 S$_1$ 触头两端承受回路电压，S$_2$ 完成合闸 40ms 后在电压峰值处完成 S$_1$ 合闸操作，此时回路导通，电流流过被试断路器 100ms 后辅助断路器分闸，完成合闸试验。

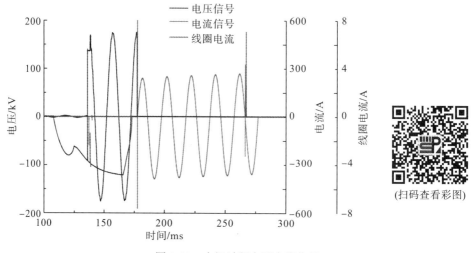

(扫码查看彩图)

图 3-32　合闸过程电压电流信号

3 种状态下断路器合闸过程辐射电磁波信号如图 3-33 所示。其中，图 3-33(a) 所示为断路器整个合闸过程中采集的电磁波信号，图 3-33(b) 所示为断路器合闸瞬间前后采集的电磁波信号。由前文分析可知，断路器空载合闸过程由于操动机构中继电器的存在同样会辐射信号，因此将空载断路器辐射信号作为基准信号进行对比。通过观察可以发现，在不同状态下断路器合闸过程辐射信号检测结果具有很好的一致性。同时多次测试中均存在 3 个超量程信号，与回路电压电流信号波形对比可知，3 个超量程信号依次代表辅助断路器合闸、被试断路器合闸及辅助断路器分闸。由此将信号波形展开并根据基准信号对比可得被试断路器合闸过程灭弧室内辐射的有效信号，如图 3-33(b) 所示。

对比 3 种状态下断路器合闸过程灭弧室辐射信号可知，断路器在原始状态下合闸过程灭弧室辐射信号波形表现为单个脉冲信号，脉冲波形清晰；断路器经过三次大电流烧蚀作用后，合闸过程灭弧室辐射信号表现为簇状脉冲，脉冲峰值数目由单个增长为 5 个；断路器进一步经过三次大电流烧蚀作用后，合闸过程灭弧室辐射信号仍表现为簇状脉冲，脉冲峰值数目进一步增长至 10 个左右。

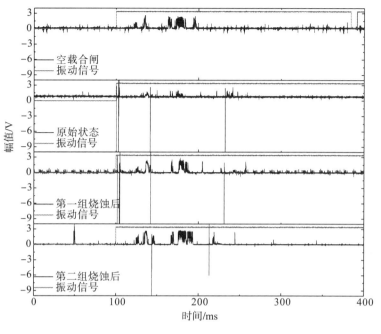

(a) 合闸过程全部信号

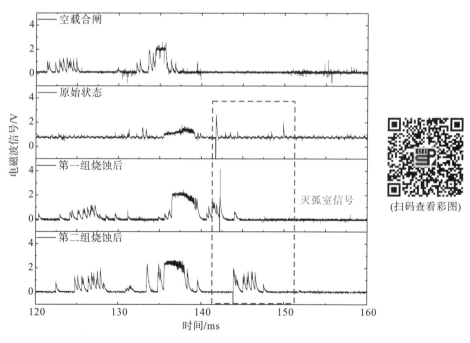

(b) 合闸瞬间有效信号

图 3-33　合闸过程辐射电磁波信号

根据被试断路器合闸过程灭弧室辐射信号的波形及峰值数目及解体后灭弧室各部件的变化情况可知，在喷口烧损、动静弧触头各自的内径与外径变化及表面侵蚀等多因素的作用下，多次开断短路电流后的断路器合闸过程中灭弧室内部电场更加复杂，电场分布愈发不均匀，从而导致合闸过程中灭弧室内部发生多次放电。由此可知，断路器合闸过程灭弧室内部辐射的有效信号是灭弧室内部多种部件结构及状态的综合作用结果，能够直接反映断路器灭弧室的整体状态。

前面完成了断路器的真型试验，开展了断路器在原始状态、开断三次短路电流烧蚀及开断六次短路电流烧蚀 3 种状态下的分合闸试验，对比了 3 种状态下断路器分合闸过程辐射的信号。试验结果表明，断路器经过多次短路电流烧蚀之后，灭弧室内部存在喷口烧损现象，动弧触头外径经烧蚀后分布不均，静弧触头明显被侵蚀。同时，随着短路电流烧蚀次数的增加，断路器分合闸过程中灭弧室辐射信号的峰值及峰值数目均呈现增加趋势，说明在灭弧室内部各元件烧损、侵蚀的综合作用下，断路器灭弧性能降低。由此可知，根据断路器带电分合闸过程灭弧室辐射的有效信号可评估断路器的灭弧性能。

3.4　检测系统的组成

断路器灭弧特性检测与评估装置硬件组成包括特高频传感器、信号采集单元、振动触发装置和笔记本电脑等。设备整体硬件组成如图 3-34 所示。

图 3-34　设备整体硬件组成

设备清单明细表如表 3-10 所示。

表 3-10　设备清单明细表

设备名称	设备型号	单位	数量	备注
断路器灭弧特性检测与评估装置	RT-CB-D	台	1	
特高频传感器	RT-PD-UHF	个	2	
笔记本电脑	ThinkPad E570	台	1	含软件
振动触发装置	RT-S-TRIG	台	1	
不间断电源		台	1	
光纤		米	50	
光纤转换器	RT-TL-F111B	个	2	
信号电缆线	2m（N 头转 BNC）	根	2	与传感器配套
信号线	3m	根	1	
USB 连接线		根	1	
打火器		个	1	
使用说明书		份	1	
仪器箱		个	1	

3.4.1　特高频传感器

特高频传感器由自主设计的等角螺旋天线制作而成，其工作频带为 0.5～2GHz，检测灵敏度在现场条件下不低于 50pC，驻波比不大于 2.5。特高频传感器的等效高度均在 8.5 以上。特高频传感器实物图片如图 3-35 所示。

图 3-35　特高频传感器实物图片

3.4.2　信号采集单元

信号采集单元是断路器灭弧特性检测与评估装置的主要部件之一，含数据采集与处理、控制于一体。前端板含有电源指示灯、双通道信号输入端、USB 通信接口，后面板含有电源插座、电源开关。信号采集单元实物图片如图 3-36 所示。

图 3-36　信号采集单元实物图片

信号采集单元参数表如表 3-11 所示。

表 3-11　信号采集单元参数表

部件	指标	参数
信号采集单元	供电电压	12VDC/1A
	信号通道(接口)	2 通道(BNC)
	工作环境温度	$-10\sim+45℃$
	尺寸	255mm×152mm×305mm
	重量	3.5kg

3.4.3　振动触发装置

　　振动触发装置在断路器闭合和断开的瞬间为信号采集单元提供触发信号，以此作为开始采集断路器闭合和断开时产生的电磁波信号。振动触发装置实物图片如图 3-37 所示。

图 3-37　振动触发装置实物图片

3.4.4　笔记本电脑

笔记本电脑用双端 USB 线与信号采集单元连接，实现数据的实时显示、数据保存及数据读取等。笔记本电脑实物图片如图 3-38 所示。

图 3-38　笔记本电脑实物图片

笔记本电脑主要参数表如表 3-12 所示。

表 3-12　笔记本电脑主要参数表

产品型号	ThinkPad E570
存储容量	1TB
处理器	第 7 代 Intel i5-7200U
系统内存	8GB DDR4
屏幕尺寸	15.6 英寸
物理屏幕分辨率	1366 像素×768 像素
USB 接口	Micro USB 2.0　1 个；USB3.0 2 个

3.5　现场实施方法及注意事项

3.5.1　现场实施方法

(1) 将传感器使用 BNC 电缆连接线连接至检测主机。

(2) 将信号线、电源线按照检测主机前面板上的标示对应连接，用双端 USB 连接线连接至笔记本电脑。

(3) 检测无误后，打开检测主机电源开关。

(4)打开笔记本电脑，打开桌面检测程序，建立检测任务后进入程序界面。

(5)设置触发电压，利用模拟放电装置确认程序能够正常运行，确认无误后保存数据，等待断路器动作检测电磁波信号。

(6)检测结束后，再次保存数据以结束程序运行，整理检测设备。

(7)根据需要，选择数据查看检测结果，可复制数据做进一步分析。

3.5.2　注意事项

(1)使用 BNC 电缆连接线将传感器连接至检测主机，一定要连接牢固。

(2)将信号线、电源线按照检测主机前面板上的标示对应连接，采集通道用 CH1 和 CH2，触发通道用 TRIG，通道不可连接错误。

(3)用双端 USB 连接线连接至笔记本电脑，保证笔记本电脑对采集卡的供电可靠性。

(4)检测无误后，一定要打开检测主机电源开关。

(5)设置触发电压，利用模拟放电装置确认程序能够正常运行，触发电压要介于峰值和谷值之间，保证可靠触发。

(6)检测结束后，需确认数据保存完好，再结束程序运行，整理检测设备。

(7)不间断电源给采集装置供电时，不可同时给其他设备供电，以防信号之间相互干扰。

第4章 SF₆断路器辐射电磁波检测的抗干扰方法

4.1 时域抗干扰方法

断路器动作时，触头间发生击穿会激发出高频电磁波，该电磁波信号可反映断路器的灭弧性能。但由于在变电站有限的空间中汇集了众多的电气设备，其他设备很容易对断路器动作过程所辐射的电磁信号产生强烈干扰，影响检测电磁波信号，从而导致对断路器灭弧性能判断出现偏差。因此提出了一种基于振动信号的断路器灭弧性能抗干扰检测方法与装置，能实现断路器灭弧性能时域抗干扰检测。

首先是振动信号的特征提取，高压断路器的操作起始于分合闸电磁铁线圈上电，然后通过一系列的机械联动实现储能机构中能量的释放，并通过力的传递和方向控制，带动动触头运动。整个操作过程中，零部件之间的机械撞击、摩擦，以及机械力、电动力等的作用均可以激发机械振动。机械振动通过设备零部件之间的连接向外传播，可以在传播路径和开关的机座、外壳上测得，对其进行信号处理后可得到反映断路器机械状态的信息。振动信号具有状态信息丰富、信噪比高的优点。振动信号复杂，不过可用来当作触发源，有效采集电磁波信号。

非电量信号对于传感器的安装位置、安装方式一般都有较高要求。特别是对于振动信号来说，振动传感器的安装固定方式、安装位置甚至是角度的偏差都可能导致测得信号波形、幅值或频率成分的明显变化。此外，测量环境和测量时间的不同，测得的信号也会有所差异。因此，在保证信号特征的一致性上还需进一步开展研究。振动信号对于信号的一致性和实验的可重复性难度较大，只适合用来作为触发信号。一种保证非电量信号特征一致性的方案是找到这类信号与安装位置、安装方式、测量环境和测量时间无关的而且能够用于状态诊断的特征量。这依赖于新的信号分析处理方法，或者新的信号特征提取方法的研究。

断路器接收到分合闸操作后，电磁铁线圈上电，储能机构中能量释放并通过力的传递和方向控制，带动触头和附件运动。整个过程中，会存在很多次余震，但振动信号只用来当作触发源，故只需将首次振动信号转换为上升沿电信号作为触发即可。因此通过振动传感器感受机械振动，再通过电路换化为方波输出，以方波上升沿作为触发脉冲信号。时域抗干扰方法流程图如图4-1所示。

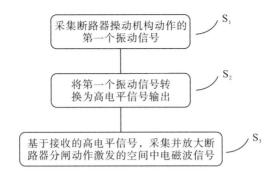

图 4-1　时域抗干扰方法流程图

通过在断路器外侧布置振动传感器检测所述第一个振动信号，检测过程中采集到第一个振动信号后不再接收后续振动信号，S₁ 采集断路器操动机构动作的第一个振动信号；S₂ 将 S₁ 中采集的第一个振动信号转换为高电平信号输出，输出信号为 3.2V 方波信号；高电平信号输出作为采集并放大断路器分闸动作激发的空间中电磁波信号的触发信号，S₃ 基于 S₂ 中的高电平信号输出，采集并放大断路器分闸动作激发的空间中电磁波信号，采样率不低于 1GS/s。

时域抗干扰检测装置的示意图如图 4-2 所示。

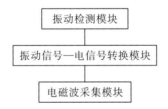

图 4-2　时域抗干扰检测装置示意图

基于振动信号的断路器灭弧性能时域抗干扰检测装置主要包括以下几方面。

（1）振动检测模块：用于检测断路器操动机构动作的第一个振动信号，检测过程中采集到第一个振动信号后不再接收后续振动信号。

（2）振动信号—电信号转换模块：其与所述振动检测模块连接，用于将采集到的第一振动信号转换为高电平信号输出，高电平信号输出作为采集并放大断路器分闸动作激发的空间中电磁波信号的触发信号。

（3）电磁波采集模块：其与所述振动信号—电信号转换模块连接，用于基于所述高电平信号输出，采集并放大断路器分闸动作激发的空间中电磁波信号，电磁波采集模块包括信号调理器及信号采集器，用于采集并放大断路器分闸动作激发的空间中电磁波信号，采样率不低于 1GS/s。

通过利用断路器操动机构动作中振动信号，实现了避免天线因其他电气设备所造成的电磁干扰而误动作，有效隔绝了空间中的一些能够避免检测装置的误动作，进而实现时域抗干扰检测断路器灭弧特性。

　　与实验室模拟试验不同，现场测试环境中存在多种不可避免的干扰信号，包括其他设备及断路器本身操动机构造成的电磁干扰信号。干扰信号有可能造成信号采集系统的误触发或使得难以挖掘灭弧室辐射的有效信号。因此，测试过程中确定可靠的触发源及挖掘断路器灭弧室辐射的有效信号是真型实验及现场应用电磁波法的难点。为降低干扰信号对测试的影响，采取的措施主要有两方面：一方面，以断路器动作过程中的振动信号作为触发源；另一方面，多次测试断路器空载动作信号，将带电动作信号与该信号进行对比从而挖掘灭弧室内辐射的有效信号。

　　整个断路器操动系统包括操动机构、传动机构及提升机构三部分。在分合闸过程中，操动机构直接接受电源指令动作，传动机构连接操动机构与提升机构，提升机构直接控制断路器触头动作[52]。目前，断路器操动机构多采用电磁铁作为第一级控制元件，电磁铁通电时在电流的作用下产生磁通进而产生电磁力，铁芯在电磁力的作用下带动断路器触头完成分合闸过程。电磁线圈中的电流波形可反映断路器整个分合闸过程的动作过程，典型的合闸过程线圈电流信号如图 4-3 所示。断路器在 t_0 时刻得到分合闸命令，回路闭合线圈流过电流，此时电流产生的电磁力尚不能带动磁铁动作。电流逐步增大至 t_1 时刻，此时电磁力大于磁铁重力及其他阻力，铁芯动作，电流开始下降。在 t_2 时刻，铁芯撞击挚子后停止运动，$t_2{\sim}t_3$ 阶段是断路器连杆等机构运动过程。t_3 时刻之后，辅助开关断开，电流逐步减小至零[53]。

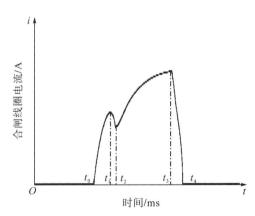

图 4-3　典型的合闸过程线圈电流信号

　　分析断路器运动过程可知，在断路器灭弧室内部完成分合闸过程前，铁芯会撞击挚子带动触头动作，撞击过程中必然会产生振动信号。因此，测试过程中可在断路器绝缘外侧布置振动信号传感器，并通过振动信号—电信号转换装置实现振动信号到电信号的转变，将电信号输入至检测装置中作为触发信号。由此可知，通过利用断路器操动机构动作中的振动信号作为可靠的触发源，避免了检测系统因现场复杂的电磁干扰而误动作。振动触发装置响应时间及外形如图 4-4 所示。振动触发装置输出幅值接近 3V 的高电平信号，响应时间约为 0.3ms。断路器分闸时间一般多为数十毫秒，而合闸时间甚至接近百毫秒，因此振动触发装置响应时间对信号采集的影响可忽略不计。

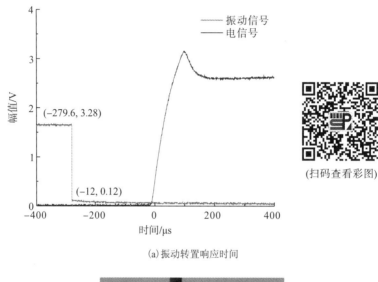

(扫码查看彩图)

(a)振动转置响应时间

(b)振动装置外形

图 4-4　振动触发装置响应时间及外形

由于操动机构继电器的开合动作，实际断路器在分、合闸动作过程中辐射的电磁波信号不仅包括灭弧室内辐射的有效信号，还包括由继电器动作造成的干扰信号。断路器型号及操动机构种类的不同会导致断路器操动机构辐射信号差别较大，因此在测试断路器带电动作辐射信号之前需要测试目标断路器空载动作辐射信号。真型试验中目标断路器为河南平高集团生产的自能式 SF$_6$ 断路器，型号为LW35-252/T4000-50，断路器配备弹簧操动机构，其空载动作信号如图 4-5 所示。观察空载动作信号可知，该被试品断路器合闸过程中存在由继电器及现场其他设备造成的干扰信号，而分闸过程中仅存在由现场环境造成的干扰信号，断路器继电器对分闸测试不构成影响。

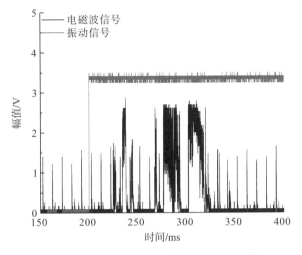

(a) 空载合闸动作信号

(扫码查看彩图)

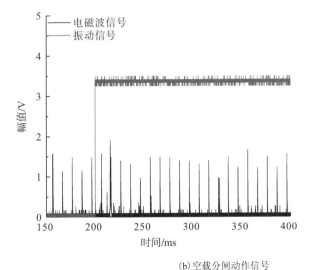

(b) 空载分闸动作信号

图 4-5　真型试验断路器空载动作信号

4.2　频域抗干扰方法

平面对数螺旋天线也称为平面等角螺旋天线，是螺旋天线的一种，属于非频变天线。平面对数螺旋天线是一种角度天线，双臂用金属片制成，具有对称性，每一臂都有两条边缘线，均为等角螺旋线。天线的两臂在一个平面上按特定的曲率变化绕旋展开。由于这种天线的外形只由角度决定，不包含线性长度，因此天线的特性不受频率变化的影响，故有极宽的频带。平面等角螺旋天线的最大辐射方向是在平面两边的法向方向，并辐射圆极化波。

特高频传感器的研究兴起于欧洲。英国的 B.F.Hampton 于 1988 年提到了一种安装在干燥剂手孔位置处的圆盘型内置耦合器[55]。这种耦合器的优点是易于安装在 GIS 上；缺点是低频测量不理想。德国的研究者设计出两种分别安装在绝缘子内部和隔离开关压气窗玻璃处的非传统外置型集成传感器[56]，但其结构形式决定了其工作带宽是有限的。Alistair J. Reid 等利用钨探针和高性能示波器测得了频率比 3GHz 更高的局部放电(以下简称局放)信号，从而对局放测量系统的带宽提出了更严苛的要求[56]。日本学者在不同类型的特高频传感器之间进行了许多对比性测试研究。针对圆板天线的局限性，东芝公司设计了一种在曲线边缘状矩形波导内放置探针的同轴波导天线作为外置传感器[57]。该天线更专注于高频部分，从而降低了低频电晕干扰的影响，但同时舍弃了 1GHz 以下低频部分可能的有用信号。东京电力公司的学者研究了喇叭天线等 4 种天线的输出频率特征[58]，并为改善灵敏度提出了一种改进型偶极子天线。这些传感器中部分类型可实现较宽的带宽，但由于结构形式导致外形尺寸较大，仅适用于外置式传感器。九州工业大学的研究者同时用带宽为 0.75~5GHz 的外置喇叭天线与内置圆板型天线进行测试[59]，从实验角度暴露了后者带宽较窄的不足。国内的许多学者也对特高频传感器开展了大量研究。采用平面等角螺旋天线作为传感器，其本质上属于超宽频带天线，对于各参数对传感器性能的影响还未有人研究。同时，这种天线阻抗与常用同轴传输线阻抗有较大差距，必须在实际应用中考虑阻抗匹配问题。特高频传感器在其他局放检测领域研究中也发挥了巨大作用。例如，文献[60]也研制出一种基于等角螺旋天线的便携式传感器，并通过对比实验研究了特高频法与超声波法对不同类型缺陷的灵敏度[61]；文献[62]中采用偶极子天线作为外置特高频传感器，对 GIS 中不同缺陷的放电特征和传播特性进行了研究。综上可知，特高频传感器在实际应用中还有若干重要问题有待进一步研究。例如，当前传感器产品千差万别，还没有统一规范的设计和合理的参数要求予以约束，而这正是正确应用特高频法的重要保障。对于传感器灵敏度的界定，目前多以能否测到信号来简单评价，如何更合理地衡量不同传感器灵敏度还有待探讨。严格的带宽定义为衡量灵敏度提供了一种渠道，而阻抗匹配的实现对检测带宽具有重要意义。同时，局放检测对传感器提出了更高检测范围的要求。特别是对于目前带宽有限的内置式传感器，安装空间对尺寸形成限制与超宽频带要求的矛盾，更有待寻求解决或者是寻找一个中间的平衡。此外，国际大电网会议(International Conference on Large High Voltage Electric System)工作组研究发现，特高频法灵敏度受传感器性能等参数的影响[63]，但相关研究还为数不多。因此，针对上述问题进行了尝试性的探索，设计了能够实现频域抗干扰的传感器。

特高频传感器分为内置式和外置式两种。外置式传感器主要安装在法兰位置上，测量由绝缘子泄漏出来的电磁波信号。它具有安装方便、易于携带等特点，但易受外部电晕等干扰的影响，且接收信号较弱。应用内置特高频传感器时，一般将其安装在手孔或接口腔处。这就要求在设计之初就必须考虑传感器的安装与气密封等问题，还要避免传感器对腔体内原有的电场分布造成影响，因此内置传感器无法适用于现场运行中的断路器。为了实现断路器故障带电检测，以外置式作为设计目标。特高频传感器工作原理与接收天线类似，本质上是用于将放电源纳秒级电流脉冲辐射出的包含特高频段范围的空间电磁波能量，转换为高频电流能量的能量接收转换装置[64]，如图 4-6 所示。

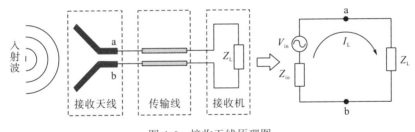

图 4-6　接收天线原理图

设计传感器时，常采用一些天线理论中的关键参数来描述传感器性能和设计目标，包括以下几方面。

(1)输入阻抗：指天线输入端阻抗，即图 4-6 中的 Z_{in}。输入阻抗与传输线阻抗的匹配将直接决定空间电磁波与传输线中导行波之间能量转换的好坏，因此是天线的重要电路参数。工程上一般不规定输入阻抗是多少，而是规定馈线上的电压驻波比或 S_{11} 的最大允许值。对于特高频传感器而言，当输入阻抗确定后，便可选择适合的馈电传输线使其与传感器之间达到良好匹配，从而满足设计要求。

(2)传输线的特性阻抗：定义传输线上传播电磁波的电场和磁场的比值为传输线的阻抗，记为 Z_0。其物理意义与平面电磁波中的波阻抗完全相同。常用同轴传输线的特性阻抗一般为 50Ω 和 75Ω 两种。

(3)反射系数与 S_{11} 参数：接收天线在空间中接收的电磁波，除了进入传输线而传递到接收机的部分外，还有一部分在交界处被反射回来。为从数值上衡量天线和与其相连传输线的匹配状态,定义电压反射系数 Γ 如式(4-1)所示。

$$\Gamma = \frac{Z_{in} - Z_0}{Z_{in} + Z_0} \tag{4-1}$$

式中,Γ 的取值范围为$|\Gamma| \leqslant 1$。同时,将 $R_L = 20\lg|\Gamma|$ 定义为回波损耗或 S_{11} 参数。对于特高频传感器而言,反射系数越接近零,S_{11} 越小,传感器能接收并传输电磁波的能力就越强,信号越接近真实情况;否则,反射情况越严重,传感器接收能力越差,接收信号也会越杂乱。

(4)天线的频带宽度:通常把天线某个性能参数符合设计要求的频率范围称为天线的带宽。根据天线主要电指标,可分为方向图带宽、极化带宽、阻抗带宽等。在特高频法的应用中,回波损耗及检测带宽对传感器性能起主要作用,因此采用阻抗带宽。阻抗带宽一般用馈线上电压驻波比或 S_{11} 参数低于某一规定值时的频带宽度来表示。这种方法反映了天线阻抗的频率特性,同时也说明了天线与馈线之间的匹配效果。通常要求满足如下条件。

$$S_{11} < -10\text{dB} \tag{4-2}$$

此时,天线能传输的功率接近 90%,因此它是经常采用的一项实用性强的电指标。对特高频传感器来说,满足这一条件意味着信号反射和回波损耗很低,接收信号可视为外界传递过来的真实信号。

(5)增益:实际工程中以增益 G 表示天线在主向上辐射功率的集中程度,以 dB 为单位。对特高频传感器而言,要求把感应到的局放信号能有效地转换成终端接收信号,降低天线结构内金属导体和介质引起的耗散性损耗,因此期望增益尽可能高。

结合实际传感器参数的设计需求,本书提出了一套较为完整的特高频传感器通用设计方案。其流程如图 4-7 所示。

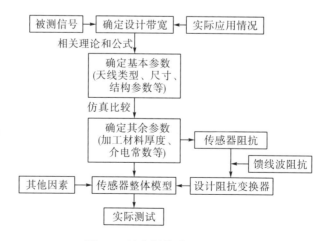

图 4-7　特高频传感器设计流程

(1)结合被测信号和实际情况确定设计带宽。

(2)根据设计带宽,按照相关理论和公式,确定基本参数(如天线类型、尺寸、结构参数等)。

(3)对其余参数(如加工材料厚度、介电常数等),在一定范围内取不同值进行仿真,测试对传感器性能的影响,初步确定其取值。

(4)根据步骤(3)中计算的传感器阻抗,以及所用馈线的波阻抗,设计阻抗变换器并确定相应参数。

(5)参照前面参数计算结果,结合实际微波板材规格,以及阻抗变换器设计,确定终参数。

(6)制作传感器整体模型并进行实际测试,验证传感器是否满足设计目标。

本书采用平面等角螺旋天线作为特高频传感器的本体进行设计。它具有检测频带宽、在整个频带内方向图、阻抗和极化基本不变的特点,因此获得了广泛应用[66]。

平面等角螺旋天线的一个臂由两条等角螺旋线构成,其中任意一条螺旋线均满足

$$r = r_0 e^{a\varphi} \tag{4-3}$$

式中,r 为螺旋线上任一点到原点的距离;r_0 为螺旋线起始点到原点的距离,即内径;φ 为螺旋线旋转的角度;a 为螺旋增长率,它与包角 α 有如下关系。

$$a = \frac{1}{\tan \alpha} \tag{4-4}$$

式中,α 为螺旋线上某点切线与矢径之间的夹角(图 4-8)。当 φ 变化时包角 α 始终保持不变,故称为等角螺旋线。相差 δ 角的两条螺旋线形成一个天线臂,当一个臂旋转 180° 后便形成了第二个臂,从而共同组成了平面等角螺旋天线。平面等角螺旋天线基本结构如图 4-8 所示。

图 4-8　平面等角螺旋天线基本结构

平面等角螺旋天线属于非频变天线,其内外径尺寸等基本参数直接决定了工作带宽。根据近似公式可知:

$$R \approx \frac{\lambda_{\max}}{4} \tag{4-5}$$

$$r_0 \approx \frac{\lambda_{\min}}{4} \tag{4-6}$$

式中，R 为天线外径尺寸；r_0 为内径尺寸；$\lambda_{\max}$ 为带宽上限波长；$\lambda_{\min}$ 为带宽下限波长。结合实际传感器的尺寸要求，本书设计带宽为 0.5～2GHz 的自互补臂结构平面等角螺旋天线，对应的内、外半径分别为 37.5mm 和 150mm。

自主设计完成的等角螺旋天线特高频传感器，如图 4-9 所示，其工作频带为 0.5～2GHz，能够有效避免其他频带信号的干扰，精确采集断路器辐射电磁波信号，具备了电磁波信号的频域抗干扰能力。

图 4-9　频域抗干扰天线

第5章　SF_6断路器辐射电磁波检测案例

5.1　35kV SF_6断路器检测案例

5.1.1　测试系统

测试系统是一套非接触式断路器特性检测与评估系统，该系统硬件部分主要包括特高频传感器、振动传感器、检测主机、电脑等，设备硬件组成的外观如图 5-1 所示。

图 5-1　设备硬件组成的外观

测试系统的技术参数如表 5-1 所示。

测试时，将天线朝向无功投切断路器所在断路器柜的缝隙处，并尽量靠近柜体，以利于电磁波的检测。测试现场如图 5-2 所示。

表 5-1　测试系统的技术参数

硬件名称	技术指标
主机	采样频率：100MHz 控制端口：USB 输入通道：4 通道 输出通道：1 通道
天线	频带：0.5～2GHz 放大器增益：40dB
振动传感器	3V 方波输出

图 5-2　测试现场

5.1.2　测试结果及分析

1.云南省抚仙变电站

抚仙变电站 35kV 断路器柜的断路器均采用 SF₆灭弧方式，共测量了 35kV1#电容器组 362 断路器和 35kV2#电容器组 363 断路器两台断路器的灭弧特性。其具体参数如表 5-2 所示。

表 5-2　断路器参数

型号	KGN-40.5
额定电压	35kV
额定电流	630A
开断电流	20kA
标准	GB3906
防护等级	1P3X
出厂日期	2006.2
压力预控值	0.31MPa
额定压力值	0.35MPa
报警压力值	0.28MPa

（1）1#电容器组 362 断路器。

1#电容器组 362 断路器分闸过程的典型测试结果如图 5-3 所示。

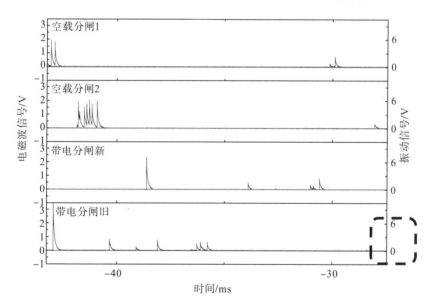

图 5-3　362 断路器分闸过程的典型测试结果

　　现场试验测试了两次空载分闸过程及新旧断路器的带电分闸。从图 5-3 中可以看出，在分闸过程中辐射出的电磁波信号幅值约为 1V，各电磁波脉冲清晰，信号持续时间短，脉冲数量均为 3 个，表明其灭弧性能良好。

通过对 1#电容器组 362 断路器 A 相解体，可以发现灭弧室内部动静主触头、弧触头为正常烧蚀，表明断路器灭弧性能良好。A 相各部分解体后状态如图 5-4 所示。

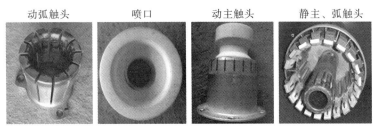

动弧触头　　　　　喷口　　　　　动主触头　　　　静主、弧触头

图 5-4　A 相各部分解体后状态

(2) 2#电容器组 363 断路器。

2#电容器组 363 断路器分闸过程的典型测试结果如图 5-5 所示。

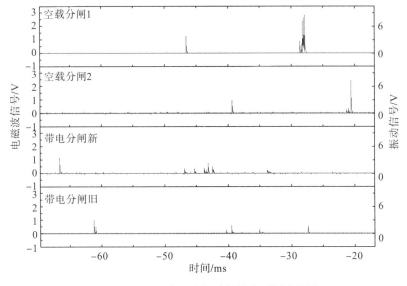

图 5-5　363 断路器分闸过程的典型测试结果

现场试验测试了两次空载分闸过程及新旧断路器的带电分闸。从图 5-5 中可以看出，在分闸过程中辐射出的电磁波信号幅值约为 1V，各电磁波脉冲清晰，信号持续时间短，脉冲数量少于 3 个，表明其灭弧性能良好。

通过对 2#电容器组 363 断路器 A、B 相解体，可以发现灭弧室内部动静主触头、弧触头为正常烧蚀，表明断路器灭弧性能良好。363 断路器 A、B 相各部分解体后状态如图 5-6 所示。

動弧触头　　　　　喷口　　　　　　动主触头　　　　静主、弧触头

(a) A 相各部分解体后状态

動弧触头　　　　　喷口　　　　　　动主触头　　　　静主、弧触头

(b) B 相各部分解体后状态

图 5-6　363 断路器 A、B 相各部分解体后状态

(3) 测试结果。

云南玉溪供电局抚仙变 1#电容器组 362 断路器和 2#电容器组 363 断路器辐射电磁波信号正常，没有检测到异常信号，表明断路器灭弧性能良好。同时，解体发现灭弧室内部动静主触头、弧触头为正常烧蚀，无异常情况。

2.云南省新平变电站

新平变电站 35kV 断路器柜断路器均采用 SF₆灭弧方式，测量了 35kV1#电容器组 331 断路器的灭弧特性。其具体参数如表 5-3 所示。

表 5-3　断路器参数

型号	KGN-40.5-15（G）
额定电压	40.5kV
额定电流	400A
额定短路开断电流	25kA
标准	GB3906　IEC62271-200
防护等级	2X
出厂编号	083863
额定短时耐受电流	25/4 kA/s
额定峰值耐受电流	63kA
额定雷电冲击耐受电压	185kV
额定工频耐受电压	95kV
出厂日期	2008 年 9 日
生产厂家	库柏耐吉(宁波)电气有限公司

（1）1#电容器组 331 断路器。

1#电容器组 331 断路器分闸过程的典型测试结果如图 5-7 所示。

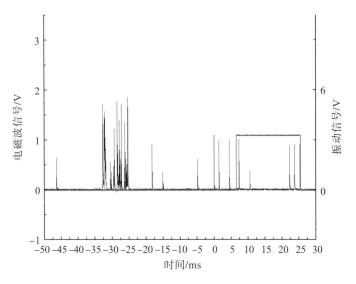

图 5-7   331 断路器分闸过程的典型测试结果

从图 5-7 中可以看出，在分闸过程中辐射出的电磁波信号幅值约为 1V，各电磁波脉冲持续时间较长，且不易分辨，电磁波数量明显多于灭弧特性正常的断路器所辐射电磁波的数量，表明其灭弧性能下降严重。

对 1#电容器组 331 断路器 A、B、C 三相解体，各部分解体后状态如图 5-8 所示。

从 A、B、C 三相解体中可以发现，331 断路器三相呈现不同程度的电弧烧蚀痕迹，其中 C 相烧蚀痕迹最为明显，具体表现在断路器弧触头、主触头的外部和内部。C 相动主触头底座与动触头接触面颜色较深，为电弧灼烧痕迹。C 相动主触头底座导体拉杆外部颜色较深，内部灼烧痕迹最长，一直延伸到尾端。C 相动弧触头及其内部环体烧蚀较严重，喷口表面和内部呈现漆黑状态较大，B 相次之，A 相相对最好。C 相灭弧室内部动静主触头、弧触头烧蚀严重，表明断路器灭弧性能下降更为显著。

（2）测试结论。

玉溪供电局新平变 1#电容器组 331 断路器辐射电磁波信号数量明显增多，表明断路器灭弧性能下降。同时，解体发现灭弧室内部动静主触头、弧触头烧蚀严重，灭弧室劣化严重。

图 5-8　331 断路器 A、B、C 三相各部分解体后状态

3.河南省贾庄变电站

对 220kV 贾庄变电站 35kV 电容器组 4#六氟化硫断路器进行 6 次投切操作，以测试断路器投切过程中辐射的电磁波信号。4#六氟化硫断路器为河南平高集团生产，其断路器型号为 LW34-40.5，额定电流为 2500A，试验时断路器实际电流为 118A。4#六氟化硫断路器具体参数如表 5-4 所示。

表 5-4   断路器参数

型号	LW34-40.5
额定电压	40.5kV
额定电流	2500A
额定短路开断电流	40kA
额定失步开断电流	10kA
切合电容器电流	630A
额定气压	0.45MPa
闭锁气压	0.4MPa
额定雷电冲击耐压	185/215kV
额定短路持续时间	4s
断路器重量	1000kg
额定频率	50Hz
操动机构	CT35 型
额定操作顺序	分-0.3s-合分-180s-合分
出厂日期	2007 年 7 月
生产厂家	平高集团有限公司

(1) 合闸过程。

采用电磁波信号作为触发源测量 3 次，均未测到有效信号。

采用振动传感器作为触发测量 3 次，均测到信号。4#六氟化硫断路器合闸过程的典型测试结果如图 5-9 所示。

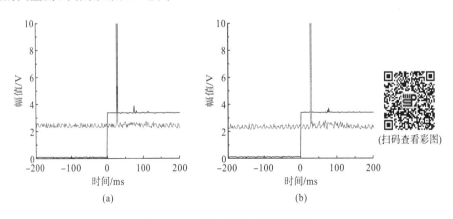

(扫码查看彩图)

图 5-9   合闸过程的典型测试结果

图 5-9 中，黑色曲线为振动触发装置输出信号，红色曲线为电磁波信号。由图可知，在 0 时刻振动信号采集到断路器分闸过程操动机构首个动作信号，输出

阶跃信号触发采集装置开始采集电磁波信号。本次测试得到的合闸过程中电磁波信号均有一个幅值过大的脉冲信号，且该脉冲出现时刻相差不大，距首个振动信号时间间隔约为 26ms。测试过程中现场背景噪声幅值很大，约为 2.6V，对测试产生很大影响。

对于断路器分闸过程典型检测结果中的脉冲信号，认为该信号不是断路器合闸过程中所辐射的电磁波信号，具体理由如下。

①合闸过程检测结果中均只有单个脉冲信号，并非三相脉冲信号，存在断路器辐射的电磁波信号淹没在背景噪声信号的可能。

②信号采集设备中放大器输出最大为 5V，该信号幅值明显超过放大器输出范围，说明该信号不是由天线检测后经放大器输出的。

③两路信号采集设备中非接触式开关特性检测与评估系统并未能够得到脉冲信号。

根据以上 3 个原因，认为该信号不属于断路器合闸过程所辐射的电磁波信号，但信号来源仍未能确定，需要进一步测试分析。

(2) 分闸过程。

采用电磁波信号作为触发源测量 3 次，均未测到有效信号。

采用振动传感器作为触发测量 3 次，也未测到有效信号。分闸过程的典型测试结果如图 5-10 所示。

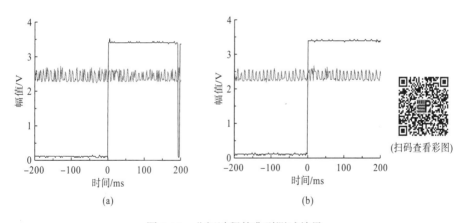

(扫码查看彩图)

图 5-10　分闸过程的典型测试结果

本次测试分闸过程未能成功抓取到三相辐射的电磁波信号，分析可能原因有两个。

①现场干扰太严重，背景噪声幅值约为 2.6V，最大接近 3V。前期测试结果表明，断路器分闸辐射电磁波信号幅值较小，存在断路器辐射的电磁波信号淹没在背景噪声信号的可能性。

②断路器灭弧性能良好，在起弧很短的时间内就灭弧成功，未能向外辐射电磁信号。

(3)测试结论。

①现在背景噪声存在整体抬升情况，可能原因是整套测量系统未与大地连接所致。

②分合闸过程均未能检测到明显脉冲信号，可能的原因是信号被抬升的背景噪声淹没所致。

③合闸过程幅值过大的脉冲信号来源未能确定，应进一步调整采集装置，获取更多数据进行分析。

④需进一步进行现场测试工作，采集多种类型断路器投切过程的电磁波信号，为之后分析断路器灭弧能力做好准备工作。

4.云南省竹林变电站

竹林变电站断路器均采用 SF_6 灭弧方式，共测量了 5 台断路器的灭弧及重燃特性。其中，1#、3#、5#断路器为 AREVA 生产，4#、6#断路器为 ABB 生产，具体参数如表 5-5 和表 5-6 所示。

表 5-5   AREVA 断路器参数

型号	KGN-40.5
额定电压	40.5kV
额定电流	400A
额定短路开断电流	31.5kA
标准	GB3906
防护等级	1P3X
出厂日期	2007 年 2 月
4S 额定热稳定电流	31.5kA
额定动稳定电流	80kA
生产厂家	中国·云南开关厂

表 5-6   ABB 断路器参数

型号	KGN-40.5
额定电压	40.5kV
额定电流	200A
短时耐受电流	31.5kA/4s
峰值耐受电流	80kA

额定频率	50Hz
标准	GB3906-2006
防护等级	1P2X
出厂日期	2013 年 1 月
雷电冲击耐受电压	185kV
短时工频耐受电压	95kV
质量	1800kg
生产厂家	泰开集团·山东泰开成套电器有限公司

(1)1#断路器。

①合闸过程。1#断路器合闸过程的典型测试结果如图 5-11 所示。

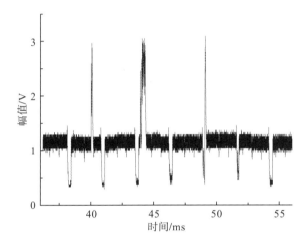

图 5-11 1#断路器合闸过程的典型测试结果

在合闸过程中辐射出的电磁波信号幅值约为 3V，各电磁波脉冲清晰，信号持续时间短，表明其灭弧性能良好。

②分闸过程。1#断路器分闸过程的典型测试结果如图 5-12 所示。

在分闸过程中辐射出的电磁波信号幅值约为 2.5V，小于分闸过程中电磁波信号，各电磁波脉冲清晰，信号持续时间短，表明其灭弧性能良好。脉冲数量均为 3 个，表明无重燃现象。

(2)3#断路器。

①合闸过程。3#断路器合闸过程的典型测试结果如图 5-13 所示。

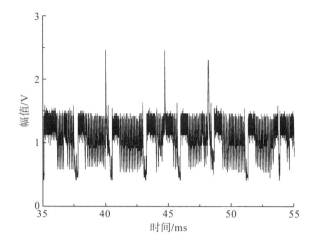

图 5-12   1#断路器分闸过程的典型测试结果

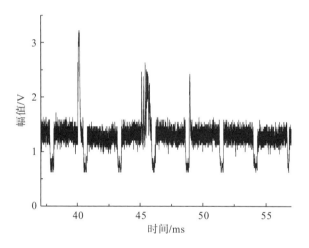

图 5-13   3#断路器合闸过程的典型测试结果

在合闸过程中辐射出的电磁波信号幅值约为 3V，其中两相电磁波脉冲清晰，信号持续时间短，表明其灭弧性能良好；另一相电磁波脉冲持续时间较长，灭弧性能可能下降。

②分闸过程。3#断路器分闸过程的典型测试结果如图 5-14 所示。

在分闸过程中辐射出的电磁波信号幅值约为 3V，略高于合闸时的幅值，并且存在 4 个电磁脉冲的情形，最后 1 个脉冲的幅值与前 3 个幅值相当，推断可能存在重燃现象。

（3）5#断路器。

①合闸过程。5#断路器合闸过程的典型测试结果如图 5-15 所示。

在合闸过程中辐射出的电磁波信号幅值约为 3V，其中两相电磁波脉冲清晰，信号持续时间短，表明其灭弧性能良好；另一相电磁波脉冲持续时间较长，灭弧性能可能下降。

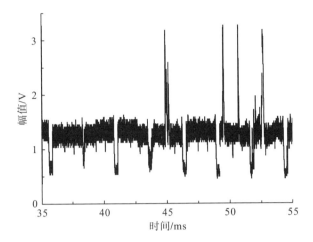

图 5-14　3#断路器分闸过程的典型测试结果

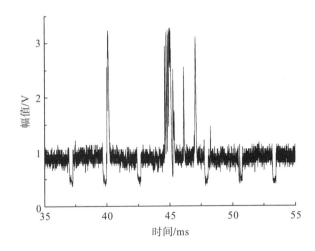

图 5-15　5#断路器合闸过程的典型测试结果

②分闸过程。5#断路器分闸过程的典型测试结果如图 5-16 所示。

在分闸过程中辐射出的电磁波信号幅值约为 2.5V，小于分闸过程中电磁波信号，各电磁波脉冲清晰，信号持续时间短，表明其灭弧性能良好。脉冲数量均为 3 个，表明无重燃现象。

(4) 4#断路器。

①合闸过程。4#断路器合闸过程的典型测试结果如图 5-17 所示。

在合闸过程中辐射出的电磁波信号幅值约为 3V，各相电磁波脉冲信号均持续较长时间，表明其灭弧性能不及 1#、3#及 5#断路器。

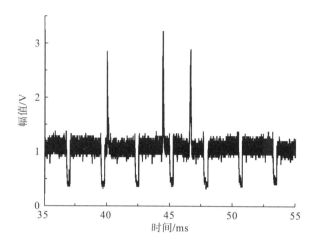

图 5-16   5#断路器分闸过程的典型测试结果

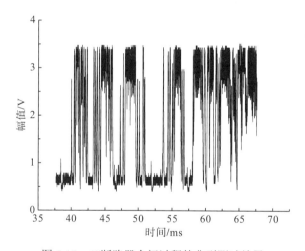

图 5-17   4#断路器合闸过程的典型测试结果

②分闸过程。4#断路器分闸过程的典型测试结果如图 5-18 所示。

在分闸过程中辐射出的电磁波信号幅值约为 3V，小于分闸过程中电磁波信号，各电磁波脉冲较为清晰，但信号持续时间较长，表明其灭弧性能不及 1#、3#及 5#断路器。脉冲数量均为 3 个，表明无重燃现象。

（5）6#断路器。

①合闸过程。6#断路器合闸过程的典型测试结果如图 5-19 所示。

与 4#断路器类似，在合闸过程中辐射出的电磁波信号幅值约为 3V，各相电磁波脉冲信号均持续较长时间，表明其灭弧性能不及 1#、3#及 5#断路器。

②分闸过程。6#断路器分闸过程的典型测试结果如图 5-20 所示。

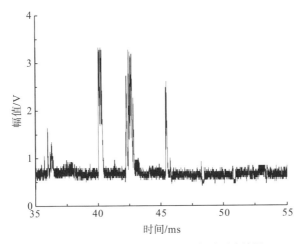

图 5-18　4#断路器分闸过程的典型测试结果

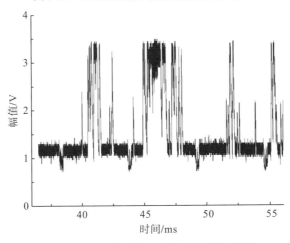

图 5-19　6#断路器合闸过程的典型测试结果

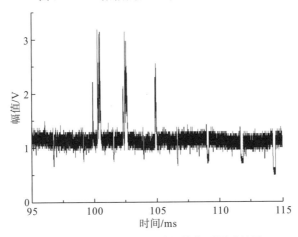

图 5-20　6#断路器分闸过程的典型测试结果

与 4#断路器类似，在分闸过程中辐射出的电磁波信号幅值约为 3V，小于分闸过程中电磁波信号，各电磁波脉冲较为清晰，但信号持续时间较长，表明其灭弧性能不及 1#、3#及 5#断路器。脉冲数量均为 3 个，表明无重燃现象。

(6)测试结论。

竹林变电站的 5 组断路器中，4#、6#的灭弧性能整体弱于 1#、3#、5#断路器的某相，存在灭弧能力下降的可能，并且存在可能的重燃现象，建议继续跟踪。

5.2   66kV SF₆断路器检测案例

5.2.1   测试系统

测试系统分为振动触发装置和信号检测装置两部分。

1.振动触发装置

断路器动作时，触头间发生击穿会激发出高频电磁波，该电磁波信号可反映断路器的灭弧性能。但由于在变电站有限的空间中汇集了众多的电气设备，其他设备很容易对断路器动作过程所辐射的电磁信号产生强烈干扰，因此影响检测电磁波信号，从而导致对断路器灭弧性能判断出现偏差。

断路器分闸过程为操动机构动作使得绝缘拉杆动作，进而带动断路器动触头动作实现动静触头分离。由于操动机构动作过程包含丰富的振动信号，可通过在设备外侧布置振动传感器检测振动信号，并通过振动信号—电信号转换实现振动信号到电信号的转变，将电信号输入至检测装置中作为触发信号。采集程序接收触发命令，开始采集记录空间中电磁波信号。因此，通过利用断路器操动机构动作中的振动信号，实现了避免天线因其他电气设备所造成的电磁干扰而误动作，进而实现抗干扰检测断路器灭弧特性。振动触发装置外观如图 5-21 所示。

图 5-21   振动触发装置外观

2.信号检测装置

振动装置检测到操动机构动作信号后，输出至检测装置，检测装置开始工作，其检测流程如图 5-22 所示。

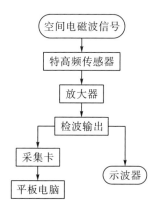

图 5-22　采集装置检测流程

(1)特高频传感器的工作频带为 0.5～2GHz。

(2)放大器增益为 40dB，在 700～800MHz 频带内做抑制处理。

(3)本测试系统中采用的检波电路主要利用检波二极管的单向导电特性和电容的电荷存储功能，获得输入信号局部峰值电压，即信号的包络。检波电路的等效电路如图 5-23 所示。

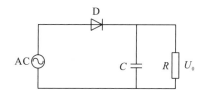

图 5-23　检波电路的等效电路

其中，负载电阻 R 数值较大，负载电容 C 在高频时阻抗 $Z_h \ll R$ 可视为短路，低频时阻抗 $Z_l \gg R$ 可视为开路。R_d 为二极管 D 的正相导通电阻；正弦波信号 U_i 输入时，在其正半周，D 导通，C 开始充电，充电时间常数 R_dC 很小，使得 C 的电压 U_0 很快达到 U_i 的第 1 个正向峰值 V_p，之后 U_i 开始下降，$U_0 > U_i$ 时截止，C 开始通过 R 放电，因为放电时间常数 RC 远大于输入信号的周期，所以放电很慢，U_0 下降不多时 U_i 达到第 2 个正相峰值 V_p，D 又将导通，继续对 C 充电。这样不断循环，便得到信号包络波形。

(4)采集卡最大采样频率为 100MHz，幅值灵敏度为 156mV，存储深度为 4MB/

通道，共两通道输入。

（5）示波器为 Fluke 公司生产的 190-204 手持式示波器，最大采样率为 2.5GHz，最大存储深度 10kB 通道，幅值灵敏度范围为 2mV～100V/格。

整个测试系统的技术参数如表 5-7 所示。

表 5-7   整个测试系统的技术参数

硬件名称	技术指标
振动装置	输出信号幅值：3.5V
主机	采样频率：100MHz（最大） 幅值灵敏度：156mV 控制端口：USB 输入通道：2 通道 输出通道：2 通道
天线	频带：0.5～2GHz 放大器增益：40dB
平板电脑	Surface pro 3 64G
示波器	采样频率：2.5GHz（最大） 幅值灵敏度：2mV～100V/格

测试过程中，为防止变电站中其他电磁信号干扰测试系统检测，选择以断路器操动机构产生的振动信号作为测试系统的触发信号。将振动触发装置紧贴外壳处，通过射频电缆连接测试系统，将天线正对断路器放置。测试现场如图 5-24 所示。

图 5-24   测试现场

5.2.2　测试结果及分析

对 500kV 花都变电站的六氟化硫断路器，包括电容器组 1#及电抗器组 2#、3#进行投切操作，以测量断路器正常投切过程中辐射的电磁波信号。其中，1#、2#断路器分别进行 6 次投切操作，3#断路器属于隐患设备，综合考虑安全因素，对3#断路器只进行 3 次投切操作。上述三组六氟化硫断路器均为西门子公司生产，型号为 3AP1FG，合闸时间为 55±8ms，分闸时间为 23±2ms，其他参数如表 5-8所示。

表 5-8　断路器参数

型号	3AP1 FG
额定电压	72.5kV
额定电流	4kA
额定短路开断电流	40kA
标准	IEC 56
额定雷电冲击电压	325kV
额定频率	50Hz
额定失步开断电流	10kA
额定线路充电开断电流	50A
额定雷电冲击耐压	325kV
额定工频耐压	140kV
额定短路持续时间	4s
首相开断系数	1.5
额定操作顺序	O-0.3s-CO-3min-CO
20℃SF₆ 额定压力	6.0bar
SF₆ 质量	7.3kg
质量(包括 SF₆)	1440kg
温度范围	−30～+55℃
生产厂家	SIEMENS

1. 3#断路器

3#断路器为电抗投切开关，测试时三相运行电流约为 970A。3#断路器共进行了 3 次投切操作，其中前两次为悬浮测试，触发设置为 50%位置触发；第三次为接地测试，触发位置调整为 25%位置触发。

(1)背景抬升信号。

测试过程将测试设备接入大地与悬浮测试两种情况下的背景抬升信号如图 5-25 所示。

两种测试情况下背景抬升信号幅值均约为 2.0V，二者并无明显差别，因此分析 3#断路器测试结果时可忽略是否接入大地造成的影响。

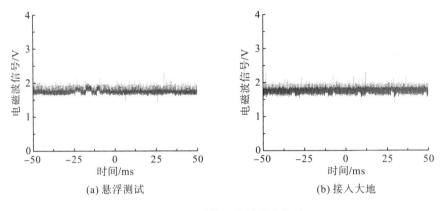

(a) 悬浮测试   (b) 接入大地

图 5-25　两种情况背景抬升信号

(2)合闸信号。

3#断路器合闸时间为 55ms±8ms，不同期≤3ms。由于前两次测试触发位置为 50%位置，将合闸信号波形横轴时间定为 0～50ms。示波器与信号采集设备波形一致，选取典型测试结果汇总如图 5-26 所示。其中，由上至下依次为 1～3 次测试结果，第 1 次测试结果为示波器波形，其余为信号采集设备波形。

整体来看，3 次测试信号一致性表现较好。3 次测试结果中，均表现出两个集中的电磁波信号区间，且电磁波信号区间所在时刻较为一致。第一个信号区间在 10ms 左右出现，表现为一簇较为密集的脉冲信号；第二个信号区间在 33ms 左右出现，接近于方波信号。断路器合闸过程中，三相发生预击穿后电弧被迅速熄灭，在空间中表现为一簇密集的脉冲信号，因此第一个信号区间是断路器合闸过程辐射的电磁波信号。断路器分闸完成后继电器的动作可能是第二个信号区间的信号来源，继电器切断直流信号所产生的电弧在空间中辐射的电磁波信号与第二个信号区间波形类似。

(3)分闸信号。

3#断路器分闸时间为 23ms±2ms，不同期≤2ms。示波器与信号采集设备波形一致，选取典型测试结果汇总如图 5-27 所示。其中，由上至下依次为 1～3 次测试结果，第 1 次测试结果为示波器波形，其余为信号采集设备波形。

整体来看，3 次测试信号一致性表现较好。与合闸过程相同，3 次分闸过程测试结果中同样出现了两个信号区间，且信号区间起始时刻与持续时间相差不大。

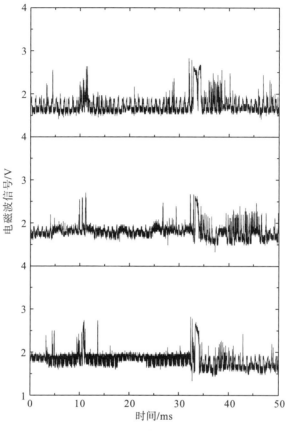

图 5-26　3#断路器合闸信号

第一个信号区间位于 0~20ms 内，表现为数量较多、密集的脉冲信号；第二个信号区间位于 30~35ms 内，主要表现为近似于方波的形式。第一个信号区间持续时间约为 20ms，与断路器分闸过程起弧后的燃弧时间大致相同。而辐射出数量较多、密集的脉冲信号的原因是：在断路器一个灭弧时段内伴随多个脉冲，即认为起弧后的燃弧时间内仍然伴有随机的脉冲放电现象，直至电弧完全熄灭。断路器分闸完成后继电器的动作可能是第二个信号区间的信号来源，继电器切断直流信号所产生的电弧在空间中辐射的电磁波信号与第二个信号区间波形类似。

(4) 小结。

①多次测试发现 3#断路器分合闸过程信号一致性较好，合闸与分闸过程均出现两个信号区间，且信号区间出现时刻、持续时间相差不大。

②第一个信号区间为断路器分合闸过程辐射的电磁波信号，持续时间与燃弧时间相符，多个脉冲的原因可能是燃弧过程中伴有随机的脉冲放电现象。

③第二个信号区间为断路器分合闸过程结束后继电器动作信号，信号波形与继电器动作波形相似。

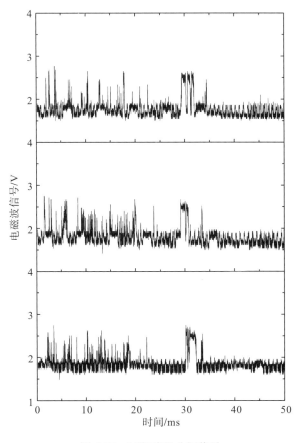

图 5-27   3#断路器分闸信号

2. 2#断路器

2#断路器为电抗投切开关，测试时三相运行电流约为 970A。2#断路器共进行了 6 次投切操作，其中 3 次为悬浮测试，3 次为接地测试，触发位置均设置为 25%位置触发。

(1)背景抬升信号。

测试过程将测试设备接入大地与悬浮测试两种情况下的背景抬升信号如图 5-28 所示。

两种测试情况下背景抬升信号幅值均约为 1.7V，二者并无明显差别，因此分析 2#断路器测试结果时可忽略是否接入大地造成的影响。

(2)合闸信号。

2#断路器合闸时间为 55ms±8ms，不同期≤3ms。示波器与信号采集设备波形一致，选取典型测试结果汇总如图 5-29 所示。其中由上至下依次为 1～6 次测试结果，第 1、2 次测试结果为示波器波形，其余为信号采集设备波形。

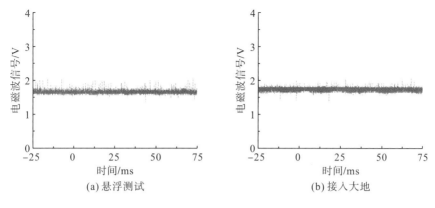

(a) 悬浮测试　　　　　　　　　　　　　　(b) 接入大地

图 5-28　两种情况背景抬升信号

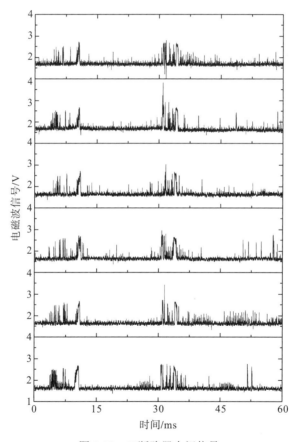

图 5-29　2#断路器合闸信号

整体来看，6 次测试信号一致性表现较好。6 次测试结果中，均表现出两个集中的电磁波信号区间，且电磁波信号区间所在时刻较为一致。第一个信号区间为 4～10ms，表现为较为密集的脉冲信号；第二个信号区间在 33ms 左右出现，接近于方波信号。断路器合闸过程中，三相发生预击穿后电弧被迅速熄灭，在空间中表现为密集的脉冲信号，因此认为第一个信号区间是断路器合闸过程辐射的电磁波信号。断路器分闸完成后继电器的动作可能是第二个信号区间的信号来源，继电器切断直流信号所产生的电弧在空间中辐射的电磁波信号与第二个信号区间波形类似。

（3）分闸信号。

2#断路器分闸时间为 23ms±2ms，不同期≤2ms。示波器与信号采集设备波形一致，选取典型测试结果汇总如图 5-30 所示。其中，由上至下依次为 1～6 次测试结果，第 1、2 次测试结果为示波器波形，其余为信号采集设备波形。

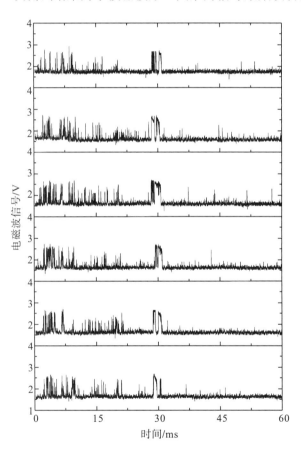

图 5-30　2#断路器分闸信号

整体来看，6 次测试信号一致性表现较好。与合闸过程相同，6 次分闸过程测试结果中同样出现了两个信号区间，且信号区间起始时刻与持续时间相差不大。第一个信号区间位于 0～20ms 内，表现为数量较多、密集的脉冲信号，且前期信号幅值较大，后期信号幅值较小；第二个信号区间位于 30～35ms 内，主要表现为近似于方波的形式。第一个信号区间持续时间约为 20ms，该过程为断路器分闸过程起弧后的燃弧时间。而辐射出数量较多、密集的脉冲信号的原因可能是：在断路器一个灭弧时段内伴随多个脉冲，即认为起弧后的燃弧时间内仍然伴有随机的脉冲放电现象，直至电弧完全熄灭。与 3#断路器相比，2#断路器第二个区间内的信号更接近于方波信号。认为断路器分闸完成后继电器的动作可能是第二个信号区间的信号来源，继电器切断直流信号所产生的电弧在空间中辐射的电磁波信号与第二个信号区间波形类似。

(4)讨论。

①多次测试发现 2#断路器分合闸过程信号一致性较好，合闸与分闸过程均出现两个信号区间，且信号区间出现时刻、持续时间相差不大。

②第一个信号区间为断路器分合闸过程辐射的电磁波信号，持续时间与燃弧时间相符，多个脉冲的原因可能是燃弧过程中伴有随机的脉冲放电现象。

③第二个信号区间为断路器分合闸过程结束后继电器动作信号，信号波形与继电器动作波形相似。

3. 1#断路器

1#断路器为电容投切开关，测试时三相运行电流约为 960A，运行电压为 21.54kV。1#断路器共进行了 6 次投切操作，其中 3 次为悬浮测试，3 次为接地测试，触发位置均设置为 25%位置触发。

(1)背景抬升信号。

测试过程将测试设备接入大地与悬浮测试两种情况下的背景抬升信号如图 5-31 所示。

两种测试情况下背景抬升信号幅值均约为 1.7V，二者并无明显差别，因此分析 1#断路器测试结果时可忽略是否接入大地造成的影响。

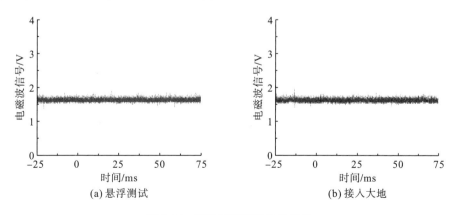

(a)悬浮测试　　　　　　　　　　　(b)接入大地

图 5-31　两种情况背景抬升信号

(2) 合闸信号。

1#断路器合闸时间为 55ms±8ms，不同期≤3ms。示波器与信号采集设备波形一致，选取典型测试结果汇总如图 5-32 所示。其中，由上至下依次为 1～6 次测试结果，第 1、2 次测试结果为示波器波形，其余为信号采集设备波形。

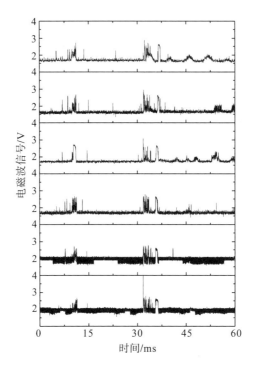

图 5-32   1#断路器合闸信号

整体来看，6 次测试信号一致性表现较好。6 次测试结果中，均表现出两个集中的电磁波信号区间，且电磁波信号区间所在时刻较为一致。第一个信号区间为 8～11ms，表现为较为密集的脉冲信号；第二个信号区间在 33ms 左右出现，接近于方波信号。断路器合闸过程中，三相发生预击穿后电弧被迅速熄灭，在空间中表现为密集的脉冲信号，因此认为第一个信号区间是断路器合闸过程辐射的电磁波信号。断路器分闸完成后继电器的动作可能是第二个信号区间的信号来源，继电器切断直流信号所产生的电弧在空间中辐射的电磁波信号与第二个信号区间波形类似。

(3) 分闸信号。

1#断路器分闸时间为 23ms±2ms，不同期≤2ms。示波器与信号采集设备波形一致，选取典型测试结果汇总如图 5-33 所示。其中，由上至下依次为 1～6 次测试结果，第 1、2 次测试结果为示波器波形，其余为信号采集设备波形。

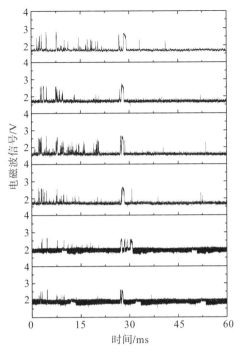

图 5-33　1#断路器分闸信号

　　整体来看，6 次测试信号一致性表现较好。与合闸过程相同，6 次分闸过程测试结果中同样出现了两个信号区间，且信号区间起始时刻与持续时间相差不大。第一个信号区间位于 0~20ms 内，表现为数量较多、密集的脉冲信号，且前期信号幅值较大，后期信号幅值较小；第二个信号区间位于 30~35ms 内，主要表现为近似于方波的形式。第一个信号区间持续时间约为 20ms，该过程为断路器分闸过程起弧后的燃弧时间。而辐射出数量较多、密集的脉冲信号的原因可能是，在断路器一个灭弧时段内伴随多个脉冲，即认为起弧后的燃弧时间内仍伴有随机的脉冲放电现象，直至电弧完全熄灭。与 3#断路器相比，1#断路器第二个区间内的信号更接近于方波信号。断路器分闸完成后继电器的动作可能是第二个信号区间的信号来源，继电器切断直流信号所产生的电弧在空间中辐射的电磁波信号与第二个信号区间波形类似。

　　(4)讨论。

　　①多次测试发现 1#断路器分合闸过程信号一致性较好，合闸与分闸过程均出现两个信号区间，且信号区间出现时刻、持续时间相差不大。

　　②第一个信号区间为断路器分合闸过程辐射的电磁波信号，持续时间与燃弧时间相符，多个脉冲的原因可能是燃弧过程中伴有随机的脉冲放电现象。

　　③第二个信号区间为断路器分合闸过程结束后继电器动作信号，信号波形与继电器动作波形相似。

4.3 组断路器对比

(1)合闸信号对比。

为对比断路器投切电容、电抗辐射的电磁波信号，现将 3 组断路器合闸过程的典型结果绘制如图 5-34 所示。

对比 1#、2#、3#断路器合闸信号可以发现，不论投切电抗还是电容，合闸信号都包括两个信号区间。根据前文分析，认为第一个信号区间为断路器合闸过程信号，第二个信号区间为断路器合闸过程完成后继电器动作激发的信号。

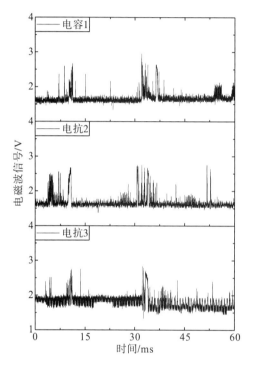

图 5-34　3 组断路器合闸信号对比

(2)分闸信号对比。

为对比断路器投切电容、电抗辐射的电磁波信号，现将 3 组断路器分闸过程的典型结果绘制如图 5-35 所示。

与合闸信号相同，1#、2#、3#断路器不论投切电抗还是电容，分闸信号都包括两个信号区间。根据前文分析，认为第一个信号区间为断路器分闸过程信号，第二个信号区间为断路器分闸过程完成后继电器动作激发的信号。

3 组断路器中，投切电容的 1#断路器在第一个信号区间中辐射的电磁波信号数量明显少于另外两组投切电感的 2#、3#断路器。这是因为 2#、3#两组断路器负载属于电感负载，由于切断电感过程电流不能突变，即燃弧过程中随机出现的小电弧更不易熄灭,因此在空间中激发的脉冲信号更多。而同样为投切电抗的两组断路器中,2#断路器辐射信号数量又明显少于3#断路器,这与之前检修发现3#断路器回路电阻超标这一结果相符。

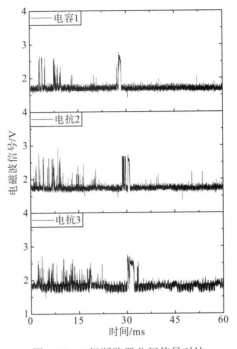

图 5-35　3 组断路器分闸信号对比

5. 干扰信号与有效信号对比

将背景抬升信号中最大幅值的现场干扰脉冲信号展开后如图 5-36 所示。干扰信号经检波输出后幅值约为 2.05V,上升沿约为 6μs,脉宽约为 36μs。

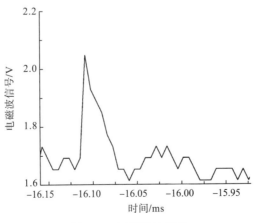

图 5-36　干扰脉冲信号

　　将断路器合闸、分闸过程测得的信号展开如图 5-37 所示。断路器合闸过程辐射的电磁波信号分为脉冲信号与连续包络检波信号，脉冲信号的上升沿约为 6μs，脉宽约为 85μs，幅值约为 2.45V；连续包络检波信号上升沿约为 6μs，脉宽约为 202μs，幅值达到 2.5V。分闸过程辐射的脉冲信号上升沿约为 6μs，脉宽约为 100μs，幅值达到 2.7V。分合闸过程中辐射的脉冲信号脉宽明显大于背景干扰脉冲信号，幅值也有明显差别，因此，可从脉宽与幅值两方面区别二者。

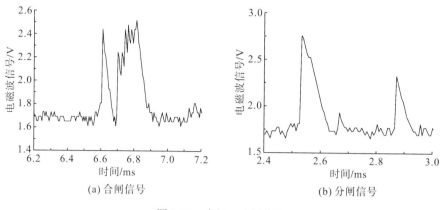

(a) 合闸信号　　　　　　　　　(b) 分闸信号

图 5-37　合闸、分闸信号

6. 测试结论

　　(1) 经多次测试，1#、2#、3#三组断路器测试结果一致性很好，结果中均有两个信号区间，且起始时刻、持续时间、波形特征保持一致。

　　(2) 第一个信号区间内持续时间为起弧至完全灭弧内的燃弧时间，其中数量较多的脉冲信号属于燃弧时间内随机出现的脉冲放电所激发的信号，今后可考虑利用该信号区间内出现的脉冲信号数量、密集程度来评估断路器灭弧性能。

　　(3) 第二个信号区间内的信号波形属于断路器分合闸动作完成后继电器动作信号。

　　(4) 投切电容的 1#断路器分闸过程中第一个信号区间辐射的脉冲数量明显少于投切电感的 2#、3#断路器，原因是电感负载中电流不能突变，燃弧过程中出现的随机电弧不易熄灭。

7. 今后工作

　　(1) 为了验证第一个信号区间，尤其是分闸过程中所出现的多个脉冲信号来源为燃弧时间内随机电弧这一观点，今后应进行的工作有：进行实验室模拟实验；实验回路中安装高频电流检测装置；将检测的电流变化信号与检测的电磁波信号对比；研究触头分闸过程中在燃弧时间内是否存在随机的脉冲放电信号。

　　(2) 为了验证第二个信号区间来源为断路器动作完成后继电器动作这一观点，今后应进行的工作有以下几方面。

①进行断路器机械特性测试实验，测试在没有负载、只可能有继电器动作时，断路器分、合闸过程是否能够辐射出类似于第二个信号区间的电磁波信号。

②单独测试断路器中继电器信号，比较继电器动作信号与第二个信号区间内的信号是否一致。

(3) 为了验证投切电感中出现更多的随机脉冲信号，进而对断路器造成更大损伤这一观点，今后应进行的工作有：进行实验室模拟实验；改变测试回路中负载；研究断路器投切电容、电感过程辐射的随机脉冲信号数量是否有区别。

5.3　110kV SF_6 断路器检测案例

5.3.1　测试系统

测试系统分为振动触发装置和信号检测装置两部分。

1.振动触发装置

断路器动作时，触头间发生击穿会激发出高频电磁波，该电磁波信号可反映断路器的灭弧性能。但由于在变电站有限的空间中汇集了众多的电气设备，其他设备很容易对断路器动作过程所辐射的电磁信号产生强烈干扰，因此影响检测电磁波信号，从而导致对断路器灭弧性能判断出现偏差。

断路器分闸过程为操动机构动作使得绝缘拉杆动作，进而带动断路器动触头动作实现动静触头分离。由于操动机构动作过程包含丰富的振动信号，可通过在设备外侧布置振动传感器检测振动信号，并通过振动信号—电信号转换实现振动信号到电信号的转变，将电信号输入至检测装置中作为触发信号。采集程序接收触发命令，开始采集记录空间中电磁波信号。因此，通过利用断路器操动机构动作中的振动信号，实现了避免天线因其他电气设备所造成的电磁干扰而误动作，进而实现抗干扰检测断路器灭弧特性。振动触发装置外观如图 5-38 所示。

图 5-38　振动触发装置外观

2.信号检测装置

振动装置检测到操动机构动作信号后，输出至检测装置，检测装置开始工作，其检测流程如图 5-39 所示。

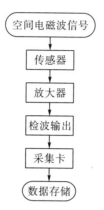

图 5-39　信号检测装置检测流程

(1)特高频传感器的工作频带为 0.5～2GHz。

(2)放大器增益为 40dB，在 700～800MHz 频带内做抑制处理。

(3)本测试系统中采用的检波电路主要利用检波二极管的单向导电特性和电容的电荷存储功能，获得输入信号局部峰值电压，即信号的包络。检波电路的等效电路如图 5-40 所示。

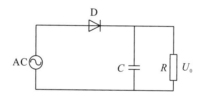

图 5-40　检波电路的等效电路

其中，负载电阻 R 数值较大，负载电容 C 在高频时阻抗 $Z_h \ll R$ 可视为短路，低频时阻抗 $Z_l \gg R$ 可视为开路。R_d 为二极管 D 的正相导通电阻；正弦波信号 U_i 输入时，在其正半周，D 导通，C 开始充电，充电时间常数 R_dC 很小，使得 C 的电压 U_0 很快达到 U_i 的第 1 个正向峰值 V_p，之后 U_i 开始下降，$U_0 > U_i$ 时截止，C 开始通过 R 放电，因为放电时间常数 RC 远大于输入信号的周期，所以放电很慢，U_0 下降不多时 U_i 达到第 2 个正相峰值 V_p，D 又将导通，继续对 C 充电。这样不断循环，便得到信号包络波形。

(4)采集卡最大采样频率为 100MHz，幅值灵敏度为 156mV，存储深度为 4MB/通道，共两通道输入。

　　通过研究之前的大量现场测试数据发现，断路器操动机构在断路器动作过程中同样会向外辐射信号。该信号会对评估断路器灭弧特性存在干扰，故在测试过程中选择用屏蔽布包裹机构箱的措施尽可能地削弱机构箱辐射信号的能量，测试现场如图 5-41 所示。

图 5-41　测试现场

5.3.2　测试结果及分析

1.河南省竹贤变电站

　　竹贤变电站 7#断路器属于电抗器投切开关，在本次测试过程中回路电阻超标的灭弧室共完成 3 次带负荷分合闸动作，更换新的灭弧室本体后仅完成一次合闸过程测试。带负荷分合闸过程中相电压约为 65kV，线电压约为 37kV，电流约为 502A。7#断路器为 ABB 公司生产，合闸时间约为 28ms，分闸时间约为 23ms，其他参数如表 5-9 所示。

表 5-9　断路器参数

型号	LTB145D1/B 三相联动
操作机构型号	BLK222
额定电压	145kV
额定电流	3150A
额定短路开断电流	40kA

产品符合标准	GB1984-2003 DL593-2006
额定雷电冲击耐受电压	650/650+70kV
额定频率	50Hz
额定峰值耐受电流	100kA
额定短时耐受电流	40kA
额定线路充电开断电流	50A
额定电容器组开断电流	3150A
额定电容器组关合电流	20kA
额定工频耐受电压	275/275+70kV
首开极系数	1.5
标准操作顺序	O-0.3s-CO-3min-CO
最高工作气压	0.8MPa
额定气压	0.5MPa
报警气压	0.45MPa
闭锁气压	0.43MPa
气体质量	5kg
总质量	1356kg
温度等级	-40～+40℃
出厂日期	2012 年 2 月
生产厂家	北京 ABB 高压开关设备有限公司

（1）合闸过程。

将本次过程中得到的有效合闸信号汇总如图 5-42 所示。其中包括不带负荷合闸过程 1 次，旧灭弧室合闸过程 3 次，新灭弧室合闸过程 1 次。

观察合闸信号可以发现，有效信号主要集中在 0～30ms 时间段内，将该时间段内信号展开如图 5-43 所示。

由合闸信号对比结果可以看到，不论断路器灭弧室烧蚀程度是否严重，其辐射信号波形大体一致，多次重复性很好。烧蚀灭弧室 3 次合闸过程均在 20.4ms 出现脉冲信号，其中第一次合闸过程有明显的两个脉冲信号，第三次合闸过程信号峰值较为紧凑但仍能够分辨出是两个脉冲信号，而第二次合闸过程仅出现一个脉冲信号。

更换新的灭弧室本体后完成一次合闸过程测试。与烧蚀灭弧室测试结果对比可发现，两种灭弧室辐射的信号波形相似。而崭新灭弧室脉冲信号出现时刻约为 17ms，与烧蚀灭弧室相比提前了 3ms。造成辐射信号提前的原因初步认为是断路器经过多次开断后，触头表面经过多次烧蚀后引起行程增大，合闸时间变大。针对该现象，建议在之后的解体工作中进行灭弧室行程、分合闸时间测试，确定是否由于断路器烧蚀造成该现象。

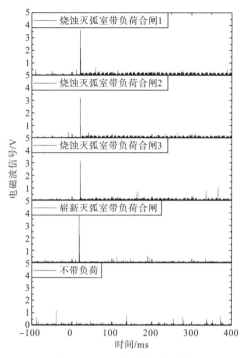

图 5-42　合闸过程信号对比

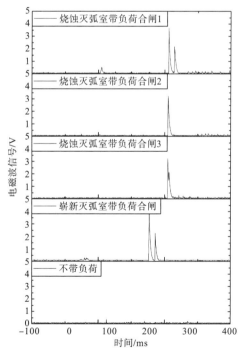

图 5-43　合闸过程 0～30ms 时间段内信号对比

（2）分闸过程。

将本次过程中得到的有效分闸信号汇总如图 5-44 所示。其中包括不带负荷分闸过程 1 次，带负荷分闸过程 3 次，新灭弧室分闸过程由于种种原因未能测试。

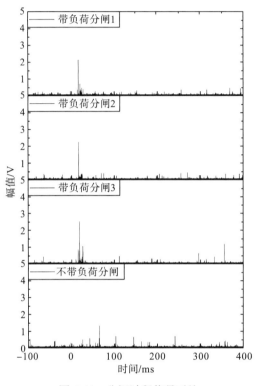

图 5-44   分闸过程信号对比

对比带负荷与不带负荷分闸过程测试结果可以发现，3 次带负荷分闸过程测试结果重复性良好，且信号集中在 0～30ms 时间段内，故可着重分析该时间段内信号，现将 0～30ms 时间段内信号汇总如图 5-45 所示。

3 次分闸测试结果在 0～30ms 时间段内信号波形一致性良好。测试波形均存在一个明显脉冲信号，幅值大体相等，约为 2V。而观察第一次分闸过程与第三次分闸过程测试结果可以看到，在幅值较大的脉冲信号之后，存在持续时间约为 5ms 的簇状脉冲信号。为进一步研究该时间段内信号，展开信号如图 5-46 所示。

根据 0～30ms 时间段内的信号对比，在第一次及第三次测试结果中存在 3 个幅值较大的脉冲信号，其中幅值最大的脉冲信号 3 次保持一致，幅值、出现时刻、脉宽均相差不大。而其他两个幅值较低的脉冲信号均表现为簇状脉冲信号的形式，即不是干净简单的单独脉冲信号，而是在短时间内存在多个放电信号从而表现为杂乱的脉冲簇形式。根据测试原理及该灭弧室回路电阻严重超标的情况可认为，分闸过程中存在的簇状脉冲信号也是断路器烧蚀严重的有力特征量。

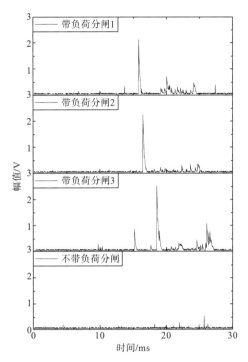

图 5-45　分闸过程 0～30ms 时间段内信号对比

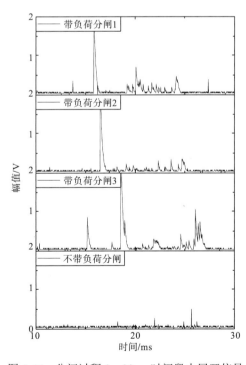

图 5-46　分闸过程 0～30ms 时间段内展开信号

（3）测试结论。

①新旧灭弧室合闸测试结果说明经过多次动作的灭弧室存在合闸时间变大、行程增加的情况。

②旧灭弧室分闸测试结果中存在的簇状脉冲信号可认为是断路器灭弧室烧蚀的特征量。

2.河南省梁庄变电站

对 110kV 梁庄变电站匡梁 2#断路器及站内 110kV 断路器不带负载进行分合闸操作，以测量断路器辅助回路在动作过程中辐射的电磁波信号。

（1）匡梁 2# 断路器。

对匡梁 2# 断路器进行 6 次不带电投切操作，等角螺旋天线检测回路测得 5 次动作过程信号，并进行 1 次带电合闸操作。匡梁 2# 断路器参数如表 5-10 所示。

表 5-10　匡梁 2#断路器参数

型号	LW35-126
额定电压	126kV
额定电流	2kA
额定短路开断电流	40kA
额定雷电冲击耐受电压	650/650+70kV
额定操作冲击耐受电压	275/275+70kV
标准操作顺序	分-0.3s-合分-180s-合分
额定 SF$_6$ 气压	0.5MPa
SF$_6$ 气体质量	6kg
总质量	1360kg
出厂日期	2007 年 5 月
生产厂家	平高集团有限公司

①不带电合闸信号。将等角螺旋天线测得匡梁 2# 断路器辅助回路合闸过程中辐射信号 5 次有效波形汇总如图 5-47 所示。

整体来看，5 次测试结果一致性很好。由此可知，断路器辅助回路在断路器合闸过程中也会辐射出电磁波信号。辅助回路辐射的信号波形呈现出多个脉冲信号和一个持续时间较长的类似方波信号。5 次测试结果中，辅助回路辐射的电磁波信号数量基本一致，并且每个电磁波信号出现的时刻大致相同。合闸过程辅助回路辐射的第一个电磁波信号出现在 20ms，幅值约为 1.1V，之后陆续出现多个脉冲信号，其中最大幅值达到 2.2V。合闸过程中辅助回路在 100ms 左右开始出现方波信号，持续时间约为 17ms，幅值约为 2.5V。

②不带电分闸信号。将等角螺旋天线测得匡梁 2# 断路器辅助回路分闸过程中辐射信号 5 次有效波形汇总如图 5-48 所示。

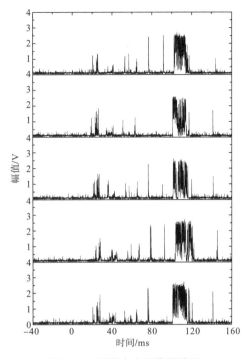

图 5-47　不带电合闸信号波形

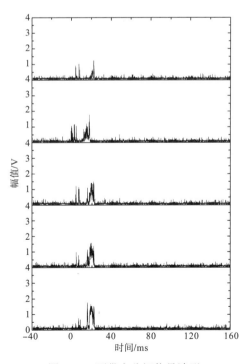

图 5-48　不带电分闸信号波形

整体来看，5 次测试结果一致性很好。由此可知，断路器辅助回路在断路器分闸过程中也会辐射出电磁波信号。相比合闸过程来讲，辅助回路在分闸过程信号波形中脉冲信号数量明显减少，且幅值较低，方波持续时间较短。分闸过程中辅助回路约在 4ms 辐射出首个电磁波信号，幅值约为 0.8V。方波信号约在 15ms 出现，持续时间约为 7ms，幅值约为 1.5V。

③带电与不带电分闸信号对比。本次测试工作同时对匡梁 2# 断路器投运带电线路进行了检测，将带电与不带电分闸过程辐射信号汇总如图 5-49 所示。

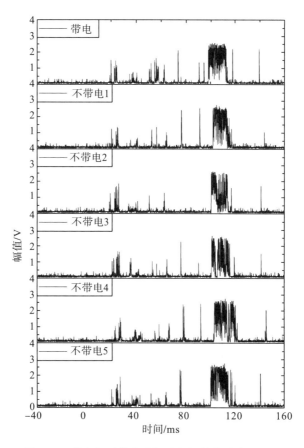

图 5-49   带电与不带电分闸过程辐射信号波形对比

与断路器不带电合闸过程相比，带电合闸过程辐射的信号波形大体一致。两者信号波形的区别主要集中在 50～62ms 区间内，带电合闸过程在该区间内信号比不带电辐射的信号更为密集，且最大幅值达到 1.6V，而不带电合闸过程该区间内幅值最大只有 1.2V。其余区间内波形均出现在多次不带电测试过程辐射的信号中。

为进一步研究匡梁 2# 断路器带电与不带电两种工况下分闸过程辐射信号的区别，现取整个信号波形中 45～70ms 区间内波形做对比，如图 5-50 所示。

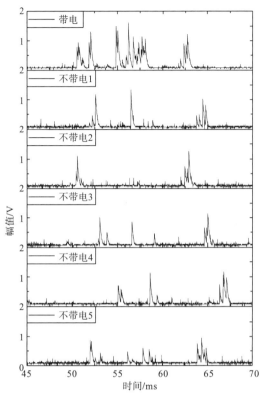

图 5-50　45～70ms 区间内信号比较

由图 5-50 可知,在 45～70ms 区间内,不带电工况下匡梁 2# 断路器辅助回路辐射信号大体可表现为三簇脉冲。三簇脉冲在多次测试结果中只是出现时刻、幅值有微小差异,并无实质不同。将带电工况下断路器辐射信号中辅助回路辐射的信号去除,如图 5-51 所示。

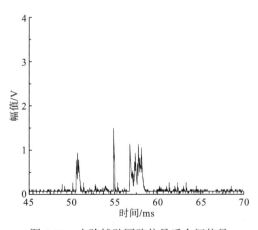

图 5-51　去除辅助回路信号后合闸信号

根据相关文献，由于断路器型号不同，各自分合闸时间不同，因此传统分合闸时间起始点与断路器内触头动作的时间间隔也有所差异。根据文献数据，该时间间隔占断路器分合闸时间的 25%～35%。本次测试取平均值，即暂定试品断路器分合闸时间起始点到触头动作时间间隔占整个分合闸时间的 30%。根据机械特性实验可知，该断路器合闸时间约为 90ms，则触头动作时刻约为 27ms。因此图 5-51 中首个信号距合闸时间起始时刻约为 77ms，该时间与机械特性测试中得到的断路器合闸时间 90ms 相近。匡梁 2# 断路器带电合闸过程去除辅助回路信号后，信号波形呈现三簇信号，其中两簇呈现单个脉冲信号形式，而最后一簇表现为多个脉冲叠加的脉冲簇形式。

（2）站内 110kV 断路器。

对站内 110kV 断路器进行 3 次不带电投切操作，等角螺旋天线检测回路测得 3 次动作过程信号，并进行 1 次带电合闸操作。站内 110kV 断路器参数如表 5-11 所示。

表 5-11　断路器参数

型号	LTB145D1/B 三相联动
操作机构型号	FSA1
额定电压	126kV
额定电流	3150A
额定短路开断电流	40kA
标准	GB1984-2003 DL593-2006
额定雷电冲击耐受电压	622/622+113kV
额定频率	50Hz
额定峰值耐受电流	100kA
额定短时耐受电流	40kA
额定线路充电开断电流	35A
额定电容器组开断电流	400A
额定电容器组关合电流	20kA
额定工频耐受电压	260/260+79kV
首开极系数	1.5
标准操作顺序	O-0.3s-CO-3min-CO
最高工作气压	0.8MPa
额定气压	0.5MPa
报警气压	0.45MPa
闭锁气压	0.43MPa
气体质量	5kg
总质量	1497kg
温度等级	−40～+40℃
出厂日期	2011 年 11 月
生产厂家	北京 ABB 高压开关设备有限公司

①不带电合闸信号。

将等角螺旋天线测得站内 110kV 断路器辅助回路合闸过程中辐射信号 3 次有效波形汇总如图 5-52 所示。

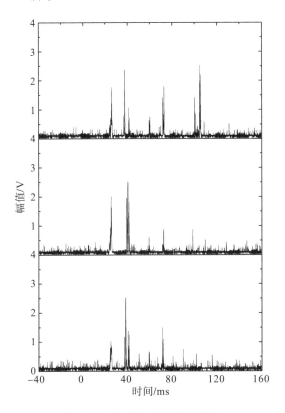

图 5-52　不带电合闸信号波形

整体来看，3 次测试结果一致性较好。由此可知，该断路器辅助回路在断器合闸过程中也会辐射出电磁波信号，但信号波形与匡梁 2# 断路器辅助回路辐射信号差异较大。该断路器辅助回路辐射信号以脉冲信号为主，合闸过程并未辐射出方波信号，且脉冲信号数量少于匡梁 2# 断路器辅助回路辐射信号。首个脉冲信号出现时间约为 23ms，之后陆续出现多个脉冲信号，最大幅值约为 2.5V，整个过程不向外辐射类似方波的电磁信号。

②不带电分闸信号。将等角螺旋天线测得站内 110kV 断路器辅助回路分闸过程中辐射信号 3 次有效波形汇总如图 5-53 所示。

整体来看，3 次测试结果一致性较好，信号波形与匡梁 2# 断路器辅助回路辐射信号差异较大。该断路器分闸过程辅助回路向外辐射信号很少，表现出少量的脉冲信号，且信号幅值很低，最大约为 1V，信号出现时间约为 40ms。

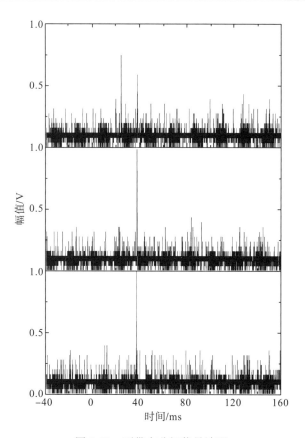

图 5-53　不带电分闸信号波形

　　③带电与不带电合闸过程对比。本次测试工作同时对站内 110kV 断路器投运变压器过程进行了检测，将带电与不带电合闸过程辐射信号汇总如图 5-54 所示。

　　该断路器带电合闸过程并未成功测得信号，怀疑为振动装置由于干扰动作，导致采集装置提前动作，未能成功采集信号波形。

　　④带电与不带电分闸过程对比。本次测试对匡梁 2# 断路器进行 1 次带电分闸操作，由于匡梁 2# 断路器与站内 110kV 断路器型号相同，因此将其分闸信号与站内 110kV 断路器不带电分闸过程辐射信号作为对比研究。

　　如图 5-55 所示，与 3 次不带电分闸过程相比，该断路器带电分闸过程辐射信号中脉冲信号数量明显增多，且多个脉冲信号幅值相当，均表现在 0.6V 左右。

　　(3)两种断路器对比。

　　①合闸信号对比。将匡梁 2# 断路器与站内 110kV 断路器不带电合闸过程中辅助回路辐射典型信号汇总如图 5-56 所示。

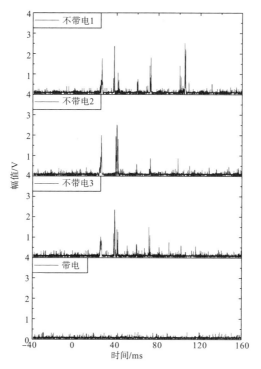

图 5-54　带电与不带电合闸过程信号对比

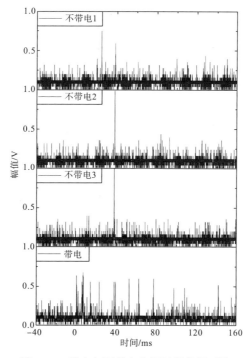

图 5-55　带电与不带电分闸过程信号对比

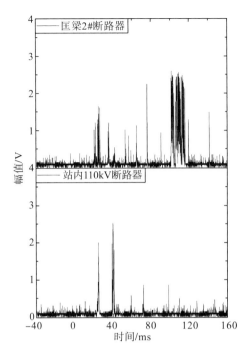

图 5-56　两种断路器合闸信号对比

由图 5-56 可知，两种不同型号断路器在合闸过程中辅助回路辐射信号也不相同。匡梁 2# 断路器辅助回路辐射信号包括脉冲信号及类似方波信号，而站内 110kV 断路器辅助回路辐射信号只是含有幅值较大的脉冲信号。

②分闸信号对比。将匡梁 2# 断路器与站内 110kV 断路器不带电分闸过程中辅助回路辐射典型信号汇总如图 5-57 所示。

由图 5-57 可知，两种不同型号断路器在分闸过程中辅助回路辐射信号也不相同。匡梁 2# 断路器辅助回路辐射信号包括脉冲信号及类似方波信号，而站内 110kV 断路器辅助回路辐射信号只有少量脉冲信号。

③测试结论。

a.只用微带天线，不用放大器不能有效检测断路器动作过程辅助回路辐射信号。

b.不同型号断路器辅助回路辐射信号不同，实际测试过程中要注意区别断路器型号。

c.合闸与分闸过程辅助回路辐射信号不同，合闸脉冲较多，幅值较大；分闸脉冲较少，幅值较低。

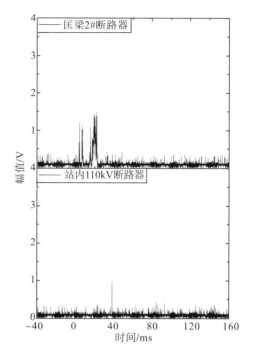

图 5-57　两种断路器分闸信号对比

5.4　220kV 及其以上 SF₆断路器检测案例

5.4.1　测试系统

本次测试使用系统为云南电网有限责任公司电力科学研究院与华北电力大学共同开发的非接触式开关特性检测与评估系统，系统硬件包括振动装置、UHF 传感器、检测主机、平板电脑等。检测系统硬件部分外观如图 5-58 所示。

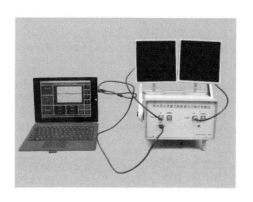

图 5-58　检测系统硬件部分外观

整个测试系统的技术参数如表 5-12 所示。

表 5-12　整个测试系统的技术参数

硬件名称	技术指标
振动装置	输出信号幅值：2.5V
主机	采样频率：100MHz 控制端口：USB 输入通道：2 通道 输出通道：2 通道
天线	频带：0.5～2GHz 放大器增益：40dB
平板电脑	Surface pro 3 64G

　　测试过程中，为防止变电站中其他电磁信号干扰测试系统检测，选择以断路器操动机构产生的振动信号作为测试系统的触发信号。将振动触发装置紧贴断路器外壳处，通过射频电缆连接测试系统，将天线正对断路器放置。测试现场如图 5-59 所示。

图 5-59　测试现场

5.4.2　测试结果及分析

1.云南省红河变电站

(1)220kV 断路器。

测试时，220kV 断路器高压侧电流约为 160A，其分闸过程电磁波信号测试结果如图 5-60 所示。

本次测试检测得到 220kV 断路器分闸过程中的抬升信号，其中图 5-60(a)所示为抬升信号的上升过程，图 5-60(b)所示为抬升信号的平稳阶段，未能获取第一次抬升信号的下降过程。

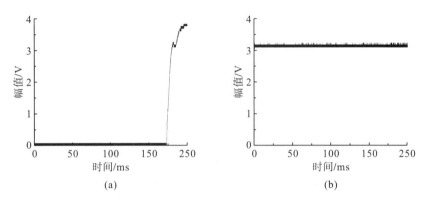

图 5-60　220kV 断路器分闸信号测试结果

(2)500kV 断路器。

测试时，500kV 断路器高压侧电流约为 200A，分闸过程电磁信号测试结果如图 5-61 所示。

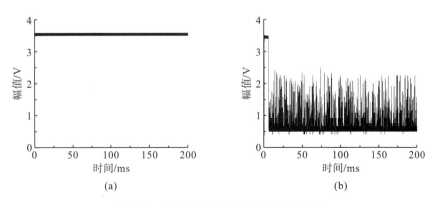

图 5-61　500kV 断路器分闸信号测试结果

　　同样，在 500kV 罐式断路器分闸过程中检测到一次抬升信号，图 5-61(a)
所示为抬升信号平稳阶段，图 5-61(b)所示为抬升信号下降阶段，之后为空间背
景噪声。

　　(3)结果分析。

　　现取 2016 年宝泉变电站测试结果作为对比进行分析，宝泉变电站测试结果如
图 5-62 所示。

　　①12kV 断路器分闸时间一般不超过 60ms，220kV 及 500kV 断路器分闸时间
一般不超过 40ms，该时间内完成接受指令到完全断开这一过程。从 2016 年宝泉
变电站测试结果中可以发现，50ms 左右辐射出三相分闸信号，与实际情况吻合。
由于本次测试触发位置为中间触发，因此电磁波信号检测位置理论约为 140ms，
而红河变电站 220kV 及 500kV 断路器分闸信号中未能在该时刻获得分闸电磁波信
号。可能原因是：断路器灭弧性能良好，在起弧瞬间很短的时间内就完成了灭弧
过程，未能向外辐射电磁波信号。

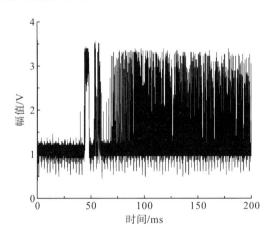

图 5-62　2016 年宝泉变电站测试结果

　　②在距离触发位置 70ms 左右，红河变电站 220kV 及 500kV 断路器辐射出抬
升信号，认为该信号是断路器储能机构所辐射的电磁信号。与 2016 年宝泉变电
站测试结果相比，宝泉变电站测试结果中同样在 70ms 左右出现储能机构动作所激
发的电磁信号，且两次测试出现的信号时间一致，幅值相差不大。由于红河变电
站测试对象为 220kV 及 500kV 断路器，随电压等级的提升，储能机构辐射的信号
变得更加密集，经检波输出即表现为明显的抬升信号。

　　(4)测试结论。

　　①未能成功获得理想断路器分闸过程电磁信号，可能原因是：灭弧性能良好，
在起弧瞬间很短的时间内即完成灭弧过程，导致未能向外辐射电磁信号。

　　②检测到抬升信号，认为是断路器分闸过程后储能机构动作从而激发抬升信号。

③需进一步进行现场测试工作，搜集更多断路器分闸信号数据，为研究断路器分闸过程电磁信号评估灭弧特性奠定基础。

2.河南省灵宝变电站

(1)常规测试。

由于目前尚未有动态电阻测试相关标准，现场检测断路器性能多以静态回路电阻、分合闸时间及微水含量为相关依据，因此两组断路器在检修过程中均完成了以上 3 种常规测试。两组断路器静态回路电阻测试结果如表 5-13 所示。与上次检修相比，#5652 断路器的测试结果存在一定程度的增长，但仍在允许范围内；#5653 断路器测试结果几乎未发生变化。测试显示两组断路器三相导电回路电阻大约为 40μΩ，现场断路器静态回路电阻测试多以 45μΩ 为标准，因此通过常规静态电阻判断可知两组断路器性能良好无劣化。

表 5-13　两组断路器静态回路电阻测试结果

断路器编号	相别	回路电阻/μΩ		标准/μΩ
		上次测试	本次测试	
#5652	A	34	40	≤45
	B	34	41	
	C	35	43	
#5653	A	39	40	
	B	38	39	
	C	42	40	

开关厂家利用 SA10 开关测试仪完成了两组开关的分、合闸时间及不同期的常规测试，测试结果如表 5-14 所示。该断路器厂家说明中要求合闸不同期时间应不大于 5ms，分闸不同期时间不大于 3ms，合闸最大同相不同期时间应不大于 3ms，分闸最大同相不同期时间应不大于 2ms，且合闸时间应在 62±4ms 范围内，分闸时间应在 20±2ms 范围内。由测试结果与说明要求相比可知，断路器分、合闸时间及不同期在要求范围内，说明在该项测试中断路器性能良好。

表 5-14　两组开关的分、合闸时间及不同期的常规测试结果

断路器编号	项目		A	B	C	相间不同期
#5652	合闸	断口 1	62.1	61.0	60.2	1.5
		断口 2	62.1	60.8	60.6	
		同相不同期	0	0.2	0.4	
	分闸	断口 1	19.7	20.2	19.8	0.9
		断口 2	19.9	20.4	19.3	
		同相不同期	0.2	0.2	0.5	

续表

断路器编号	项目		A	B	C	相间不同期
#5653	合闸	断口1	61.4	60.2	60.0	
		断口2	61.7	60.4	60.1	1.6
		同相不同期	0.3	0.2	0.1	
	分闸	断口1	21.3	19.5	19.4	
		断口2	21.0	19.7	19.4	1.6
		同相不同期	0.3	0.2	0	

检修过程中断路器厂家利用 HVP 型微水仪完成了气体微水测试，测试结果如表 5-15 所示。与上次检修测试相比，本次测试中两组断路器的微水含量均有所增长。根据厂家提供的说明要求可知，灭弧室气室中检修后微水含量应不大于 150μL/L，运行中的气室微水含量应不大于 300μL/L，对比本次检修测试结果可知，两组断路器在微水含量这项测试中满足使用要求。

表 5-15　500kV 断路器微水测试结果

断路器编号	相别	微水/(μL/L)	
		上次测试	本次测试
#5652	A	121	117
	B	116	123
	C	98	125
#5653	A	104	117
	B	119	123
	C	124	108

(2)辐射电磁波信号测试。

利用河南灵宝变电站年度停电检修机会，对两组 500kV 电压等级断路器进行分闸过程测试，每组断路器分别完成一次带电分闸动作，测试现场如图 5-63 所示。根据相关安全规定及检修规程，500kV 断路器分闸过程测试中未能测得空载分闸过程断路器辐射信号，为避免断路器操动机构对测试结果造成影响，本书采取了在断路器操动机构外壳包裹屏蔽布的措施，并且两组断路器中一组有屏蔽措施；另一组无屏蔽措施，以此作为操控机构辐射信号的区别。

两组断路器分闸过程测试结果如图 5-64 所示。其中，图 5-64(a)所示为断路器整个分闸过程测试结果，图 5-64(b)所示为断路器分闸瞬间前后辐射信号。对比两组断路器分闸过程测试结果可以发现，两组断路器分闸过程辐射信号均由两组信号构成。由信号幅值来看，两组开关中第一个信号区段信号峰值存在明显减小的现象，由 0.8V 减至 0.3V 左右；而第二个信号区段中信号峰值保持在 0.5V 左右，

图 5-63　500kV 断路器测试现场

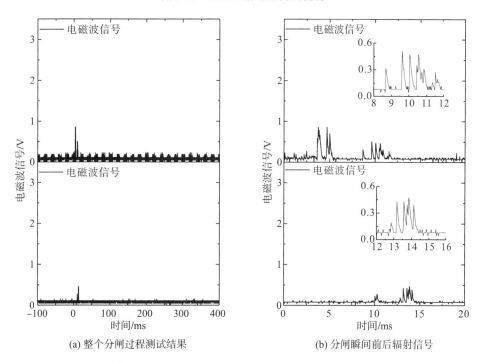

(a) 整个分闸过程测试结果　　　　　　　　(b) 分闸瞬间前后辐射信号

图 5-64　两组断路器分闸过程测试结果

并未有明显变化。结合屏蔽措施与信号峰值来讲，第二个信号区段是断路器分闸过程中灭弧室向外辐射的有效信号。根据相关文献研究可知，断路器分闸过程中线圈电流通电距首个振动时刻时间约为整个分闸过程的三分之一。根据两组断路器分闸时间约为 21ms 可知，两组断路器分闸命令距首个振动信号的时间约为 7ms，因此第二个信号区段中的信号出现时刻更接近断路器分闸时间。从信号出现时刻来讲，同样第二个信号区段是断路器分闸过程中灭弧室向外辐射的有效信号。

观察分闸过程中灭弧室辐射的电磁波信号可知，信号共有 6 个明显峰值，这与该断路器三相双断口的本体结构相符合，在每个断口分闸瞬间均向外辐射一个电磁波信号。辐射的信号波形干净，不存在短时间内的簇状脉冲信号，说明两组被试断路器灭弧性能良好无劣化。

参 考 文 献

[1]任志远. 分布式高压断路器电寿命状态监测系统的研究[D]. 北京: 华北电力大学, 2000.

[2]张慕光. 磁吹断路器在电炉上的应用和维修[J]. 电世界, 1994, 35(04): 20-21.

[3]陈卓. SF₆断路器本体的主要故障分析及对策[J]. 电世界, 2017, 58(10): 8-9.

[4]黄豪杰. SF₆断路器气体微水超标原因及控制措施[J]. 硅谷, 2009(21): 19.

[5]黎锋. SF₆断路器的常见故障及处理方法[J]. 广西电业, 2009(03): 82-83, 85.

[6]贾明, 李文超, 周兴, 等. 变电站SF₆断路器检修技术研究[J]. 低碳世界, 2016(26): 44-45.

[7]张景超. 光纤光学式甲烷气体传感器的设计与实验研究[D]. 秦皇岛: 燕山大学, 2006.

[8]甘维兵, 朱励, 张宇, 等. 吸收式光纤气体传感器的研究[J]. 传感器技术, 2005(02): 43-44, 47.

[9]卞皓玮. 高压断路器在线监测与故障诊断系统研究[D]. 扬州: 扬州大学, 2012.

[10]张爱军. 光谱吸收型光纤气体传感器的研究[D]. 武汉: 武汉理工大学, 2005.

[11]徐元哲, 胡智慧, 刘县, 等. 基于光谱吸收法 SF₆断路器泄漏检测技术的研究[J]. 电力学报, 2009, 24(01): 12-15.

[12]王建军. 浅谈SF₆断路器的维护[J]. 数字技术与应用, 2010(07): 160.

[13]徐元哲, 刘县, 胡智慧, 等. 光学式SF₆断路器的泄漏检测技术[J]. 高电压技术, 2009, 35(02): 250-254.

[14]张丽娜, 陈永义, 梁桂州. 关于GIS和SF₆断路器的现场检测方法[J]. 高压电器, 2001(03): 47-48.

[15]蓝磊, 陈功, 文习山, 等. 基于动态电阻测量的 SF₆断路器触头烧蚀特性[J]. 高电压技术, 2016, 42(06): 1731-1738.

[16]肖建涛. 新型断路器回路电阻测试方法的研究[D]. 北京: 北京交通大学, 2014.

[17]张若飞, 杜黎明, 张利燕. SF₆高压断路器故障分析[J]. 高压电器, 2010, 46(02): 99-102.

[18]赵媛. 高压断路器机械特性带电检测技术与论断方法的研究[D]. 北京: 北京交通大学, 2015.

[19]李大卫, 徐党国, 孙云生, 等. 基于分合闸线圈电流的断路器缺陷诊断及试验方法研究[J]. 高压电器, 2015, 51(08): 114-118.

[20]郭贤珊, 王章启. 高压断路器触头电寿命预测的研究[J]. 高电压技术, 1999(03): 43-44.

[21]许婧, 王晶, 高峰, 等. 电力设备状态检修技术研究综述[J]. 电网技术, 2000(08): 48-52.

[22]刘全志, 师明义, 秦红三, 等. 高压断路器在线状态检测与诊断技术[J]. 高电压技术, 2001(05): 29-31.

[23]黄建华. 变电站高压电气设备状态检修的现状及其发展[J]. 变压器, 2002(S1): 11-15, 52.

[24]王璐, 王鹏. 电气设备在线监测与状态检修技术[J]. 现代电力, 2002(05): 40-45.

[25]李明华, 严璋, 刘春文, 等. 我国供电系统状态检修开展状况统计[J]. 中国电力, 2005(12): 33-36.

[26]余红. 110kV变电站六氟化硫断路器安全运行的相关问题研究[J]. 中国高新技术企业, 2011(21): 100-101.

[27]王卫红, 王晓兵. SF₆断路器的检修与维护[J]. 农村电工, 2011, 19(07): 34.

[28]赵强. 六氟化硫断路器的气体检测与检修[J]. 科技信息, 2011(32): 613.

[29]吴伟. 影响六氟化硫断路器运行的因素解析[J]. 中国新技术新产品, 2014(06): 94-95.

[30]杨磊杰, 宋立杰. 六氟化硫断路器安全运行要点分析[J]. 科技信息, 2012(15): 151-152.

[31]宋志刚, 秦鹏刚, 柴园. 高压六氟化硫断路器的结构及原理介绍[J]. 科技视界, 2013(21): 60.

[32]吕超. SF₆断路器状态监测与故障诊断的研究[D]. 哈尔滨: 哈尔滨工业大学, 2007.

[33]孙福杰, 王章启, 秦红三, 等. 高压断路器触头电寿命诊断技术[J]. 电网技术, 1999(03): 60-62.

[34]吴忠良. 高压断路器在线监测技术进展[J]. 电气开关, 2011, 49(01): 1-3, 6.

[35]张婷婷, 郭志明, 陈朝亮. 变电站内 SF₆断路器性能特点及其运行维护[J]. 电气开关, 2018, 56(04): 103-106.

[36]蔡声镇, 吴允平, 郑志远, 等. 高压变电站室内分布式 SF₆监测系统的研制[J]. 仪器仪表学报, 2006(09): 1033-1036.

[37]吴变桃, 肖登明, 尹毅. GIS 中 SF₆气体泄漏光学检测新技术[J]. 高压电器, 2005(02): 116-118.

[38]田勇. 利用激光成像技术定位检测 SF₆设备气体泄漏[J]. 东北电力技术, 2005, 26(12): 35-37.

[39]王林, 鲁治淮. 高压断路器状态在线监测系统[J]. 吉林电力, 2005(05): 31-33.

[40]吴家乐, 于远鹏, 高翠峰. 浅析高压断路器交流灭弧特性及运行操作要求[J]. 机电信息, 2011(36): 96-97.

[41]陆峰峰. 高压断路器系统建模与仿真研究[D]. 南京: 南京理工大学, 2014.

[42]裴振江. 特高压断路器开断容量的合成试验方法研究[D]. 武汉: 华中科技大学, 2008.

[43]金立军, 董骁, 闫书佳, 等. 基于灭弧室气压特性对半自能式 SF₆断路器分闸速度的优化[J]. 高电压技术, 2013, 39(04): 776-781.

[44]颜湘莲, 王承玉, 季严松, 等. 气体绝缘设备中 SF₆气体分解产物与设备故障关系的建模[J]. 电工技术学报, 2015, 30(22): 231-238.

[45]张晓星, 姚尧, 唐炬, 等. SF₆放电分解气体组分分析的现状和发展[J]. 高电压技术, 2008(04): 664-669, 747.

[46]Piemontesi M, Niemeyer L. Sorption of SF₆ and SF₆ decomposition products by activated alumina and molecular sieve 13X[C]// Conference Record of the IEEE International Symposium on Electrical Insulation, 2002.

[47]Beyer C, Jenett H, Klockow D. Influence of reactive SFₓ gases on electrode surfaces after electrical discharges under SF₆ atmosphere[J]. IEEE Transactions on Dielectrics and Electrical Insulation, 2000, 7(2): 234-240.

[48]张仲旗, 连鸿松. 通过检测 SO₂发现 SF₆电气设备故障[J]. 中国电力, 2001, 34(1): 77-80.

[49]Qiu Y, Kuffel E. Comparison of SF₆/N₂ and SF₆/CO₂ gas mixtures as alternatives to SF₆ gas[J]. IEEE Transactions on Dielectrics and Electrical Insulation, 1999, 6(6): 892-895.

[50]杨韧, 薛军, 汪金星. 开断电弧能量对 SF₆电气设备中气体分解物影响的试验研究[J]. 2009 年全国输变电设备状态检修技术交流研讨会论文集, 2009.

[51]张若飞, 杜黎明, 张利燕. SF₆高压断路器故障分析[J]. 高压电器, 2010(2): 99-102.

[52]王程, 林莘. 自能式 SF₆断路器灭弧室气压特性计算及分析[J]. 沈阳工业大学学报, 2003, 25(5): 393-397.

[53]赵媛. 高压断路器机械特性带电检测技术与论断方法的研究[D]. 北京: 北京交通大学, 2015.

[54]孙银山, 张文涛, 张一茗, 等. 高压断路器分合闸线圈电流信号特征提取与故障判别方法研究[J]. 高压电器, 2015, 51(9): 134-139.

[55]Hampton B F, Irwin T, Lightle D. Diagnostic measurements at ultra high frequency in GIS[R]. France: CIGRE, 1990.

[56]Feger R, Feser K, Neumann C. Non-conventional UHF sensors for PD measurements on GIS of different

designs[C]//International Conference on Power System Technology. Perth, Australia: IEEE, 2003: 1395-1400.

[57]Reid A J, Judd M D. High bandwidth measurement of partial discharge pulses in SF_6[C]//14th Intern Sympos. High Voltage EngProceedings of the XIVth International Symposium on High Voltage Engineering. Beijing, China: CIGRE, 2005: 25-29.

[58]Hoshino T , Maruyama S. Development of coaxial-to-waveguide antenna attached outer GIS for detecting partial discharge[C]//2008 International Conference on Condition Monitoring and Diagnosis. Beijing, China: IEEE, 2008: 21-24.

[59]Kaneko S, Okabe S, Yoshimura M, et al. Detecting characteristics of various type antennas on partial discharge electromagnatic wave radiating through insulating spacer in gas insulated switchgear[J]. IEEE Transactions on Dielectrics Electrical Insulation, 2009, 16(5): 1462-1472.

[60]Hikita M, Ohtsuka S, Ueta G, et al. Influence of insulating spacer type on propagation properties of PD-induced electromagnetic wave in GIS[J]. IEEE Transactions on Dielectrics Electrical Insulation, 2010, 17(5): 1642-1648.

[61]李信, 李成榕, 丁立健, 等. 基于特高频信号检测 GIS 局放模式识别[J]. 高电压技术, 2003, 29(11): 26-30.

[62]Qi Bo, Li Chengrong, Zhang Hao, et al. Partial discharge detection for GIS: A comparison between UHF and acoustic methods[C]//The 2010 IEEE International Symposium on Electrical Insulation. San Diego, CA, USA: IEEE, 2010: 1-5.

[63]丁登伟, 唐诚, 高文胜, 等. GIS 中典型局部放电的频谱特征及传播特性[J]. 高电压技术, 2014, 40(10): 3243-3251.

[64]CIGRE. PD detection system for GIS: Sensitivity verification for the UHF method and the acoustic method[R]. France: Electra, 1999.

[65]李天辉, 荣命哲, 王小华, 等. GIS 内置式局部放电特高频传感器的设计、优化及测试研究[J]. 中国电机工程学报, 2017, 37(18): 279-289, 344.